第7章
结论

本书主要研究了阻碍强化学习推广应用的两个关键问题。首先，由于强化学习策略的随机性和环境的动态性，长期累积安全分布服从某种分布而非单一数值。因此，为限制极端结果的发生频率，需要对策略进行不确定性分析。本书通过具体问题的不同风险要求来定义安全，并介绍了可实现风险控制的安全约束强化学习算法。其次，许多现实世界的强化学习问题无法实现高精度仿真模拟，因此与真实环境的直接交互不可避免。在这种情况下，训练期间智能体与环境的交互安全需要得到保证。然而，如果智能体在无先验的情况下从零开始学习，那么，训练期间的绝对安全无法得到保证。本书介绍了具备训练安全保证的安全迁移强化学习框架，以及获取有效先验的规范化方法。针对1.4节提出的关键问题，7.1归纳了本书的具体解决方案，并总结了这些研究成果对安全强化学习领域的现实意义；7.2节则详细阐述了书中研究工作的局限性，并展望了安全强化学习领域未来的重点研究方向；7.3节探讨了阻碍深度强化学习推广应用的其他方面。

7.1 关键结论

本书的相关内容主要面向两个对强化学习实际应用至关重要的安全问题，介绍了安全约束强化学习问题的模型，以及相应的算法。这些模型的建立和算法的设计更加契合深度强化学习进一步推广应用的现实需求（1.4节）。本书涉及的模型和算法涵盖了安全强化学习的智能体训练与部署阶段，而且这些不同的模型和算法之间可以相互补充。利用面向风险规避约束强化学习的 WCSAC 算法，可以学习不同风险水平下的安全策略，但无法保证训练期间的安全。但是，SaGui 安全迁移强化学习框架可以利用安全探索策略作为先验，确保训练期间的安全。在不同的实际问题中，这些算法可以单独使用或组合使用。以下将简要总结本书的关键结论：

如何在安全约束强化学习中控制风险并确保训练安全？

本书研究的总体目标是在安全约束强化学习中控制风险并确保训练安全，以促进强化学习在现实世界中的应用。然而，书中内容不可能涵盖现实世界强化学习应用的所有关键因素。因此，本书主要选择了两个关键角度来回答这一主要问题，即安全约束强化学习中的风险控制和训练期间的安全保证，并将其分解为四个更加详细的子问题。

如何建模安全强化学习中的风险控制问题？

本书第 3 章主要对安全强化学习中的风险控制问题进行了建模，并分析了传统约束强化学习模型的安全风险。在大多数情况下，由于策略的随机性和环境的动态性，长期累积安全成本服从某种分布而非单一数值。因此，在不进行分布近似的情况下，经典约束强化学习算法学得的策略无法掌握潜在的安全风险。为了降低强化学习策略的安全风险，需要对长期累积安全成本的不确定性进行评估。在给定风险水平的情况下，第 3 章介绍的约束强化学习模型基于成本分布的上尾部（条件风险值 CVaR）来重新定义安全性。通过这种方式，算法可以在不同的风险水平下优化策略，并有效实现安全风险规避。

如何在安全的前提下进行策略优化？

本书第 3 章和第 4 章介绍了两种 WCSAC 算法，以不同的方法来近似长期累积安全成本的分布，即高斯近似法和分位数回归法。高斯近似法原理简单且易于实现，但存在低估安全成本的风险；分位数回归法可以对分布进行更加精确的估计，但计算复杂度相对较高。在给定的风险水平下，WCSAC 算法可基于分布近似计算条件风险值 CVaR，并自适应优化安全权重，从而实现奖励和安全之间的平衡。最后，WCSAC 算法可以优化得到在特定风险水平下满足安全约束的策略。实证分析表明，与传统约束强化学习方法相比，两种版本的 WCSAC 都获得了更好的风险控制，而分位数回归版本在复杂环境中具有更好的适应性。

如何通过迁移安全探索策略来确保训练安全？

本书第 5 章介绍了 SaGui 安全迁移强化学习方法，该方法通过迁移安全探索策略确保训练安全，并提高目标任务学习的样本效率。在无奖励环境中训练的安全探索策略可以作为解决任何（未知）后续目标任务的一般起点。在目标任务中，策略训练期间不允许违反安全约束。因此，安全探索策略被用来构建安全行为策略，而该策略与环境直接交互。当目标策略不可靠时，算法会将其向安全探索策略正则化，并随着训练的进行逐步消除先验的影响。实证分析表明，该方法可以实现安全的迁移学习，并促进智能体更快地学会完成目标任务。

如何规范化获取有效安全探索策略？

本书第 6 章介绍了 CEM 算法来解决任务不可知的安全探索问题。CEM 算法学得的策略可以在安全前提下最大化状态密度的熵。为了避免直接近似复杂连续控制问题中的状态密度，CEM 算法利用了 k – NN 熵估计器来评估策略的探索效率。在安全方面，CEM 算法最小化安全成本的优势函数，并根据当前的策略安全评估自适应地权衡安全与探索之间的关系。实证分析表明，CEM 算法可在复杂连续控制问题中学得安全探索策略。在 SaGui 安全迁移强化学习框架下，CEM 算法得到的策略可有效提升目标任务学习的安全性和样本效率。

总而言之，本书介绍的模型和算法从两个角度提高了深度强化学习的安全性。这些模型和算法不能解决安全强化学习中的所有问题，也没有在真实环境中得到测试验证。但是，这些研究成果为深度强化学习在复杂的实际应用中真正落地提供了有效的科学储备。

7.2　局限和未来工作

本书介绍的模型和算法仅从两个角度提高了深度强化学习的安全性。因此，未来还需要进行更广泛的研究，以使深度强化学习在复杂的实际应用中真正落地。书中所介绍的模型和算法是在特定假设条件下实现的，这也为这些方法的进一步优化留出了空间。本节将介绍可进一步巩固深度强化学习安全机制的未来研究方向：

内在不确定性与参数不确定性　安全成本的不确定性建模还可以通过不同的方式进一步探索。书中用两种方法近似安全成本分布，并以此展示了 WCSAC 算法框架的通用性。因此，随着值分布强化学习在分布近似研究的进展，WCSAC 算法也可以得到进一步改进。然而，书中的方法关注的是 CMDP安全成本的内在随机性，但忽略了值函数或安全成本分布的近似误差，即参数不确定性[1-2]。参数的近似误差也会给策略学习及训练过程带来了潜在的安全风险。因此，如果算法可以引入参数不确定性评估，深度强化学习的安全性可以得到进一步加强。

迁移任务之间的差异　在复杂的实际应用中，安全迁移强化学习面临的任务间差异可能更大。SaGui 框架假设安全探索策略是在允许不安全交互的受控环境中训练的。但是在现实情况下，可能不存在高精度的仿真器。因此，学习得到的策略不能直接部署，额外的目标任务学习依然十分必要。尽管 SaGui 框架中源任务和目标任务之间的状态空间不同，但实际情况下任务间差异或者仿真现实差异可能更大，例如不兼容的环境动力学模型[3]。在这种情况下，SaGui 框架需要进一步改进和验证，以适应更复杂的现实情况。

安全迁移的知识模型 训练和迁移安全探索策略并不是安全迁移强化学习的唯一途径。SaGui 框架利用了从无奖励仿真环境中获得的先验知识。但是，仿真器也可以自由生成相同类型的不同任务，并通过元强化学习从这些不同任务中学习元知识。学得的元知识也可以作为先验进行迁移，以快速适应未知的目标任务[4-5]。因此，安全迁移强化学习算法可以首先从模拟器中的有限或无限数量的任务中进行元学习，例如，可转移的元奖励函数或元策略，以促进真实世界目标任务的学习进程[6-8]。另外，安全迁移强化学习算法还可以利用安全动态的认知不确定性，以确保训练期间的安全[9-10]。

状态密度估计和状态抽象 书中利用了 k - NN 熵估计器来避免逼近高维观测空间中的状态密度。然而，状态密度的估计还很难扩展到更加复杂的高维空间[11-12]。通过更有效的状态密度近似方法，TASE 问题的解决方法还可以进一步拓展到复杂的凸约束优化问题[13-14]。另外，如果对状态空间中的所有维度同等对待，势必会降低优化效率，并且不能准确捕捉任务的关键点。相反，通过表示学习可以得到一个低维的抽象空间，以使算法更好地关注任务重点[15]。但是，在有额外安全约束的情况下，添加表示学习的迁移强化学习算法复杂性和不稳定性会大大增加。因此，研究如何有效抽象 TASE 问题中的状态空间对于深度强化学习的推广应用也十分关键。

不同的环境探索目标 本书介绍的 CEM 算法在安全的前提下，通过最大化状态密度熵来训练安全探索策略。学习得到的策略可以以安全的方式在状态空间上诱导均匀分布。然而，最大化状态密度熵的策略可能不会涵盖状态转移的所有可能性[16]。在某些情况下，任务奖励可能与状态动作对相关。那么，探索覆盖所有的状态转移比覆盖所有状态更重要。因此，除了最大化状态密度熵，该方向的研究还可以考虑更多不同的环境探索目标。

风险规避的安全迁移强化学习 本书介绍的模型和算法从两个角度提高了深度强化学习的安全性，并相互补充。然而，如何将这些模型和算法结合起来还值得进一步探讨。SaGui 方法并未考虑策略随机性及环境动态性带来的安全风险，但其可以通过简单调整拓展到风险规避的安全约束问题中。首先，对于 SaGui 方法中的先验策略，可以通过采样未折扣的实际安全成本近似条件风险值 CVaR，并更新自适应安全权重。另外，SaGui 的内部算法是 SAC – Lag，因此可以通过使用长期累积安全成本的分布估计而不是期望估计来将风险控制扩展到 SaGui。总地来说，这种结合意味着在 SaGui 中施加更严苛的安全约束。然而，其实际效果还有待理论和试验证明。

7.3　其他应用难题

本书介绍的所有模型和算法目的在于强化深度强化学习的安全性，这些研究工作使得强化学习在现实世界中更加适用。然而，除了本书涉及的安全方面之外，还有许多问题需要解决。本节将讨论制约深度强化学习推广应用的其他因素。

非受控数据采集　与监督学习不同，强化学习的数据来自智能体和环境之间的交互。为实现数据的整体平衡，监督学习可以补充数据并添加标签。然而，当数据收集由强化学习策略执行时，智能体训练数据平衡将很难定义而且难以实现。此外，智能体训练期间的数据平衡可能不会对长期优化目标产生积极影响。无论使用哪种强化学习算法，都很难对环境奖励信号有一个完美的解析，这使得强化学习智能体大多数时间都在收集无价值的重复数据。在某种程度上，通过调整重放缓冲区可以解决训练数据优先级的问题[17]，但该方法实际上丢弃了重复的经验数据。要在复杂任务中最终获得可行策略，仍然需要收集大量冗余数据。但在实际问题中，仿真模拟可能无法实现，真实数据收集代价高昂。

交互环境限制　许多实际交互环境都是从初始状态开始的，这限制了许多可能的优化方向。例如，在状态空间中，一些特定的状态或新的状态更具价值，更频繁访问这些状态可能更利于目标优化。然而，许多实际问题的状态转移函数（由概率函数表示）是随机的。即使记录了之前的状态动作序列，由于环境的不确定性，也很难达到相同的状态。而深度强化学习通常使用由概率函数表示的随机策略，在双重随机性叠加的情况下，针对某些关键状态进行优化几乎无法实现。这种交互环境限制使得一些固定场景或状态测试无法进行，但这对于某些实际应用来说是必不可少的。例如，自动驾驶在某个弯道的实际效果需要测试，但很难重复测试策略在这个状态下的鲁棒性。

可解释性差　为了解决复杂的实际问题，通常需要使用深度强化学习方法。深度强化学习通常需要基于值函数进行策略评估，进而优化策略。值函数近似是通过逐步学习来评估当前行动对未来累积长期回报的影响。在复杂连续控制问题中，深度强化学习算法通常引入神经网络来逼近值函数。在这种情况下，验证值函数的收敛性和策略的正确性都十分复杂，但这些问题在表格型 Q - learning 方法中是不存在的[18]。对于深度强化学习算法，通常只能通过分析策略产生的长期累积回报以及参数的学习过程来证明其有效性。因此，深度强化学习通常涉及大量的调参以及复杂的奖励函数设计工作，致使可解释性差。

算法封装困难 在某些计算机视觉框架中，用户无须关注模型构建和参数调整的细节，仅需收集并引入自身的数据集即可[19]。此外，整个训练过程对用户而言是透明的。然而，在强化学习领域，实现这一目标十分困难，部分原因在于奖励机制的设计问题[20-21]。深度强化学习的初衷是通过机器的自主学习减少人工干预。然而，当前深度强化学习算法的使用在很大程度上依赖人为的参与，这与其初衷相悖。在应用深度强化学习解决实际问题时，最为耗时的环节并非算法的选择，而是奖励函数的设计。设计者需要构思各种机制，以引导智能体学习用户期望其掌握的知识，并确保奖励函数的合理性。当前的深度强化学习算法依然不够智能，无法在缺乏人类指导的情况下快速自我完善。简而言之，实际场景的多变性及奖励设计的复杂性，为强化学习算法的封装带来了困难。

综上所述，强化学习在现实世界中的推广应用进展比预期的要缓慢。尽管强化学习与深度学习的结合被普遍认为是实现通用人工智能的有效途径，但其实际应用仍然十分有限。在处理高度复杂的实际问题时，依然存在试错成本高昂、任务目标难以通过奖励函数量化以及对大量数据采集的高要求等一系列问题。总而言之，要实现强化学习在现实世界中的广泛应用，前方道路还很漫长。

7.4 参考文献

[1] DEARDEN R, FRIEDMAN N, RUSSELL S. Bayesian Q - learning[C]// Proceedings of the AAAI Conference on Artificial Intelligence. 1998: 761 - 768.

[2] ENGEL Y, MANNOR S, MEIR R. Reinforcement learning with Gaussian processes[C]//Proceedings of the 22nd International Conference on Machine Learning. 2005: 201 - 208.

[3] CUTLER M, WALSH T J, HOW J P. Reinforcement learning with multifidelity simulators[C]//2014 IEEE International Conference on Robotics and Automation(ICRA). IEEE, 2014: 3888 - 3895.

[4] FINN C, ABBEEL P, LEVINE S. Model - agnostic meta - learning for fast adaptation of deep networks

[C]//Proceedings of the 34th International Conference on Machine Learning. PMLR, 2017: 1126 - 1135.

[5] RAKELLY K, ZHOU A, FINN C, et al. Efficient off - policy metareinforcement learning via probabilistic context variables[C]//Proceedings of the 36th International Conference on Machine Learning. PMLR, 2019: 5331 -5340.

[6] GRBIC D, RISI S. Safe reinforcement learning through meta - learned instincts [C]//Artificial Life Conference Proceedings: ALIFE 2020: The 2020 Conference on Artificial Life. United States: MIT Press, 2020: 183 -291.

[7] LUO M, BALAKRISHNA A, THANANJEYAN B, et al. MESA: Offline meta - RL for safe adaptation and fault tolerance[Z]. 2021.

[8] LEW T, SHARMA A, HARRISON J, et al. Safe model - based metareinforcement learning: A sequential exploration - exploitation framework [Z]. 2020.

[9] SIMÃO T D, JANSEN N, SPAAN M T J. AlwaysSafe: Reinforcement learning without safety constraint violations during training[C]//Proceedings of the 20th International Conference on Autonomous Agents and Multi Agent Systems(AAMAS). IFAAMAS, 2021: 1226 - 1235.

[10] ZHENG L, RATLIFF L. Constrained upper confidence reinforcement learning[C]//Proceedings of the 2nd Conference on Learning for Dynamics and Control. online: PMLR, 2020: 620 -629.

[11] HAZAN E, KAKADE S, SINGH K, et al. Provably efficient maximum entropy exploration [C]// Proceedings of the 36th International Conference on Machine Learning. PMLR, 2019: 2681 -2691.

[12] LEE L, EYSENBACH B, PARISOTTO E, et al. Efficient exploration via state marginal matching [Z]. 2019.

[13] QIN Z, CHEN Y, FAN C. Density constrained reinforcement learning[C]// Proceedings of the 38th International Conference on Machine Learning. PMLR, 2021: 8682 -8692.

[14] MIRYOOSEFI S, BRANTLEY K, DAUME III H, et al. Reinforcement learning with convex constraints [C]//Advances in Neural Information Processing Systems. 2019.

[15] SEO Y, CHEN L, SHIN J, et al. State entropy maximization with random encoders for efficient exploration [Z]. 2021.

[16] ZHANG C, CAI Y, LI L H J. Exploration by maximizing Rényi entropy for reward - free RL framework [C]//Proceedings of the AAAI Conference on Artificial Intelligence. 2021(35): 10859 - 10867.

[17] SCHAUL T, QUAN J, ANTONOGLOU I, et al. Prioritized experience replay [Z]. 2015.

[18] SUTTON R S, BARTO A G. Reinforcement learning: An introduction[M]. Cambridge, Massachusetts: MIT Press, 2018.

[19] VOULODIMOS A, DOULAMIS N, DOULAMIS A, et al. Deep learning for computer vision: A brief review[J]. Computational Intelligence and Neuroscience, 2018, 2018: 7068349.

[20] DEWEY D. Reinforcement learning and the reward engineering principle [C]//2014 AAAI Spring Symposium Series. 2014.

[21] HADFIELD - MENELL D, MILLI S, ABBEEL P, et al. Inverse reward design [C]//Advances in Neural Information Processing Systems. 2017.

异策略安全约束强化学习

杨奇松　常　燕　武　健
李邦杰　王顺宏　赵久奋　著

国防工業出版社
·北京·

内 容 简 介

在现实世界的强化学习应用中，安全性是一个至关重要的考量。本书深入探讨了如何在强化学习框架内实现安全风险控制和训练过程的安全性。首先，介绍 Worst - Case Soft Actor Critic（WCSAC）算法，该算法通过分析累积安全成本的分布，引入条件风险值作为安全约束，并自适应实现奖励与安全之间的平衡。其次，介绍两种估计安全成本分布的方法：高斯近似法和分位数回归算法，并通过仿真实验展示它们在风险控制中的效果。再次，进一步地针对目标奖励未知的情况，介绍 Constrained Entropy Maximization（CEM）算法，旨在学习一个在安全前提下能够均匀访问所有状态的探索策略。CEM 算法利用无模型的熵估计器，并采用置信域算法在安全前提下最大化状态密度函数的熵。最后，为了实现安全策略的快速迁移学习，介绍 Safe Guide（SaGui）框架，该框架在目标策略成熟前，通过正则化和逐渐消除安全探索策略的影响，可促进对目标任务的快速学习。

本书的研究不仅为强化学习在现实世界的应用提供了新的视角和方法，也为未来在累积安全成本分布估计和训练过程安全方面的研究奠定了基础。本书适合从事强化学习、人工智能安全、机器人控制等领域的研究人员、工程师和高校师生，尤其对于关注如何在复杂环境中实现安全决策和策略优化的读者具有重要参考价值。

图书在版编目（CIP）数据

异策略安全约束强化学习 / 杨奇松等著. -- 北京 : 国防工业出版社, 2025. 7. -- ISBN 978 -7 -118 -13707 -1

Ⅰ. TP181

中国国家版本馆 CIP 数据核字第 2025ZZ7471 号

※

国防工業出版社 出版发行

（北京市海淀区紫竹院南路 23 号　邮政编码 100048）

北京凌奇印刷有限责任公司印刷

新华书店经售

*

开本 710 × 1000　1/16　**印张** $8\frac{1}{4}$　**字数** 136 千字

2025 年 7 月第 1 版第 1 次印刷　**印数** 1—1500 册　**定价** 88. 00 元

（本书如有印装错误，我社负责调换）

国防书店：（010）88540777　书店传真：（010）88540776

发行业务：（010）88540717　发行传真：（010）88540762

序

在人工智能飞速发展的今天，强化学习（Reinforcement Learning，RL）技术依然具有巨大潜力，以彻底改变从自动驾驶到游戏博弈等多个领域的传统模式。然而，要发挥强化学习的潜力，我们面临的最关键的挑战之一是如何确保强化学习系统在与环境交互和学习过程中的安全性。在这一背景下，本书所探讨的主题显得尤为重要。

本书深入探讨了将强化学习技术应用于安全敏感场景的实践，面对诸多技术挑战，本书对这一核心领域进行了深入探索。在安全敏感的实际问题中，每一次试错都可能带来不可逆转的后果。传统的强化学习方法依赖试错，但在容错性差的环境中，传统方法显然不再适用。从模拟环境到现实世界的不确定性，为强化学习的安全应用带来了额外的复杂性。本书针对这些问题，介绍了全新的解决方案，为在安全敏感的现实问题中应用强化学习技术迈出了重要一步。本书的核心观点是，强化学习中的安全性不是次要问题，而是学习过程中的关键要素。这一理念贯穿本书的主要算法。这些算法不仅寻求安全与性能的平衡，更重新定义了强化学习的基本框架，确保智能体每一个决策和行动都融入安全性的考量。

本书的研究成果不仅限于理论层面，在现实世界问题中也具有广泛的应用前景。书中详细阐述的原则和方法不仅是一系列算法和理论的集合，更为强化学习技术的安全高效应用提供了实践指南。

2025 年 2 月

前言

在人工智能领域，深度强化学习在序贯决策方面展现出巨大潜力，应用范围广泛。从机器人导航的复杂路径到游戏策略的巧妙布局，深度强化学习已成为现代人工智能研究的关键一环。然而，在进一步探索并拓展深度强化学习应用的过程中，其经典学习范式致使的试错风险需要得到合理控制：确保强化学习智能体在与不可预测的环境交互时的安全性。本书深入探讨了这一问题，研究了智能体如何在安全的前提下有效学习，这对于深度强化学习在现实问题中进一步推广应用至关重要。

传统强化学习方法主要依赖试错学习，因此无法解决安全敏感的实际问题。面对实际问题，强化学习可能面临较高的试错代价，或涉及物理伤害和伦理考量。此外，当仿真无法完美模拟现实世界动态时，问题复杂性会进一步增加，造成理论安全与实际之间的差距。为有效解决强化学习中的安全问题，本书介绍了基于约束强化学习框架的安全探索范式。这一框架区分了奖励函数和与安全相关的成本函数，避免了设计单一奖励函数导致的复杂调参问题。另外，现实问题中安全风险存在随机性和不可预测性，传统方法无法准确掌握学习策略带来的安全风险。本书介绍了 WCSAC 系列算法，其通过条件风险值估计更加全面地掌握强化学习策略在安全方面的不确定性，使智能体在风险可控的前提下进行策略优化。除了确保最终学得策略满足安全约束，本书还介绍了如何通过约束熵最大化方法获取先验策略，并迁移先验策略以确保智能体训练安全的安全迁移强化学习方法。最终，本书从智能体训练和安全两个阶段对强化学习安全问题进行全面的探究。

本书介绍的研究工作为强化学习在现实问题中安全高效地应用提供了一套全面的算法。这些研究工作代表了安全强化学习研究的最新进展，也进一步提高了强化学习技术的可靠性。然而，高精度近似安全成本分布，以及面向训练安全的元强化学习，仍然是强化学习研究未来的重点方向。

杨奇松

2025 年 2 月

缩略词

AI	Artificial Intelligence	人工智能
RL	Reinforcement Learning	强化学习
MDP	Markov Decision Process	马尔可夫决策过程
CMDP	Constrained Markov Decision Process	约束马尔可夫决策过程
CVaR	Conditional Value – at – Risk	条件风险值
TD	Temporal Difference	时间差分
CDF	Cumulative Distribution Function	累积分布方程
PDF	Probability Density Function	概率密度方程
SaGui	Safe Guide	安全引导
DQN	Deep Q Network	深度 Q 网络
CPO	Constrained Policy Optimization	约束策略优化
TRPO	Trust Region Policy Optimization	置信域策略优化
PPO	Proximal Policy Optimization	近端策略优化
QR	Quantile Regression	分位数回归
FQF	Fully Parameterized Quantile Function	完全参数化分位数函数
IQN	Implicit Quantile Network	隐式分位数网络
CEM	Constrained Entropy Maximization	约束熵最大化
k – NN	k – Nearest Neighbors	k 近邻
TASE	Task – Agnostic Safe Exploration	无任务安全探索

符号

d	Safety Threshold	安全阈值
h	Minimum Policy Entropy	最小策略熵
k	Number of Neighbors for Entropy	熵的邻域数
J	Loss Function	损失函数
T	Time Horizon	时间界限
α	Risk Level	风险等级
β	Policy Entropy Weight	策略熵权重
γ	Discount Factor	折扣因子
δ	Trust – Region Threshold	置信域阈值
θ	Neural Network Parameters	神经网络参数
ω	Safety Weight	安全权重
ι	Initial State Distribution	初始状态分布
λ	Learning Rate	学习率
ρ	State Density	状态密度
τ	Quantile Fraction	分位数

目录

第一部分 绪　论

第 1 章 引言…… 3

1.1 安全定义及算法 …… 3

1.1.1 安全约束强化学习…… 5

1.1.2 安全强化学习分类…… 6

1.1.3 测试基准环境…… 7

1.2 安全风险规避 …… 8

1.3 训练安全保证 …… 9

1.4 关键问题…… 10

1.5 全书概览…… 11

1.6 参考文献…… 13

第 2 章 背景 …… 17

2.1 约束马尔可夫决策过程…… 17

2.2 约束最大熵强化学习…… 19

2.3 值分布强化学习…… 20

2.4 无模型状态熵估计…… 22

2.5 参考文献…… 23

第二部分 安全风险规避

第 3 章 安全强化学习 …… 27

3.1 引言…… 27

3.2 风险规避问题定义…… 28

3.3 WCSAC 强化学习算法 …… 31

3.3.1 值分布安全评估 …… 31

3.3.2 策略更新 …… 33

3.3.3 完整算法 …… 34
3.4 实证分析…… 36
3.5 结论…… 40
3.6 参考文献…… 40
第4章 安全风险控制 …… 42
4.1 引言…… 42
4.2 分位数回归安全成本分布…… 44
4.2.1 基于 IQN 的安全评估 …… 44
4.2.2 基于样本均值的 CVaR 安全度量 …… 45
4.2.3 完整算法 …… 46
4.3 实证分析…… 48
4.3.1 SpyGame 环境 …… 48
4.3.2 Safety Gym 环境 …… 51
4.4 相关工作…… 57
4.5 结论…… 59
4.6 参考文献…… 59

第三部分 训练安全保证

第5章 安全迁移强化学习 …… 63
5.1 引言…… 63
5.2 源任务先验获取…… 65
5.2.1 迁移问题设置 …… 65
5.2.2 迁移度量 …… 66
5.2.3 方法概览 …… 67
5.3 引导式安全探索…… 70
5.3.1 训练安全向导 …… 70
5.3.2 安全向导中的策略提炼 …… 72
5.3.3 复合采样 …… 73
5.4 实证分析…… 76
5.4.1 超参数 …… 77
5.4.2 消融试验 …… 78
5.4.3 基线算法对比试验 …… 80
5.5 相关工作…… 82
5.6 结论…… 83

5.7 参考文献……………………………………………………………… 84
第6章 安全无监督探索 …………………………………………………… 87
6.1 引言……………………………………………………………………… 87
6.2 任务不可知安全探索…………………………………………………… 89
6.3 约束熵最大化方法……………………………………………………… 90
6.3.1 传统方法可行性分析 ………………………………………… 90
6.3.2 约束熵最大化的对偶性 ……………………………………… 90
6.3.3 CEM 算法 ……………………………………………………… 93
6.3.4 收敛保证 ……………………………………………………… 94
6.4 实证分析………………………………………………………………… 96
6.4.1 安全探索能力评估…………………………………………… 100
6.4.2 参数敏感性…………………………………………………… 102
6.4.3 安全迁移学习的评估………………………………………… 102
6.5 相关工作 ……………………………………………………………… 104
6.6 结论 …………………………………………………………………… 105
6.7 参考文献 ……………………………………………………………… 105

第四部分 结 语

第7章 结论……………………………………………………………………… 111
7.1 关键结论 ……………………………………………………………… 111
7.2 局限和未来工作 ……………………………………………………… 113
7.3 其他应用难题 ………………………………………………………… 115
7.4 参考文献 ……………………………………………………………… 116

第一部分
绪　　论

第1章
引言

人工智能（Artificial Intelligence，AI）在人类社会中扮演着日益重要的角色[1]。人工智能赋能的应用，如在线广告、机器翻译、智能城市等，正在不断推动未来社会的革新。在人工智能发展的历程中，计算机程序 AlphaGo 战胜世界围棋冠军柯洁和李世石，是重要的里程碑。AlphaGo 的核心技术便是强化学习（Reinforcement Learning，RL）[2]。强化学习受到行为心理学的启发，被普遍视为实现通用人工智能的最具潜力的途径之一。强化学习是机器学习（Machine Learning，ML）的一个分支[3]，它涉及智能体与环境之间的交互，并通过学习策略来实现收益最大化或达成特定目标。与其他机器学习范式相比，强化学习同样需要大量数据进行训练，但它不依赖预先标记的数据，而是依赖在与环境交互过程中获得的奖励信号。强化学习更注重在给定输入下选择何种动作以实现长期目标，而非输入数据本身的特性。与监督学习和无监督学习相比，强化学习在处理序贯决策优化问题方面展现出显著优势[2,4]。在科学和工程的众多领域，如机器人技术、游戏、推荐系统、资源管理、金融组合管理、医疗设计等，都存在着信息不确定条件下的序贯决策问题（Sequential Decision - Making，SDM），这些问题可以通过强化学习框架来描述和解决。

1.1 安全定义及算法

强化学习环境通常是动态且随机的，并且常以马尔可夫决策过程（Markov Decision Processes，MDP）的形式来建模[5]。在处理大型 MDP 问题时，传统的动态规划等精确方法不再适用。在强化学习问题中（图 1.1），智能体以离散时间步与环境交互。在每个时间步 t，智能体会观察当前状态

s_t。然后，从可用的动作集合中选择执行一个动作 a_t。环境根据执行的动作转移到新的状态 s_{t+1}，同时确定即时奖励 r_t 以及对应的状态转移(s_t, a_t, s_{t+1})。强化学习智能体的目标就是找到一个最优动作选择策略 $\pi(a \mid s) = Pr(a_t = a \mid s_t = s)$，以最大化长期累积奖励 $\sum_t r_t$ 的期望。在经典的强化学习中，智能体通过试错来学习，在探索环境时可以接受任意的短期损失以期获得更大的长期收益。然而，在一些安全敏感的应用场景中，除了最大化累积长期奖励外，确保整个系统的安全同样重要。安全强化学习的应用领域包括但不限于以下几个方面：

- 机器人训练：自动驾驶汽车或服务型机器人需要完成指定任务，同时避免破坏昂贵的设备或伤害人类。在这些情况下，确保安全往往比完成任务具有更高的优先级。
- 电网运行：新型电网涉及增加并整合可再生能源等复杂操作，传统电网操作员已难以胜任。强化学习智能体在未来可替代人类完成操作，实现电网自主运行。然而，需避免智能体随机行为导致的大面积停电[6-7]。
- 推荐系统：强化学习已经逐步应用于各类推荐系统，但基于强化学习的推荐系统可能会对特定用户群体推荐具有潜在危害的内容，如宗教敏感或极端暴力的信息[8]。

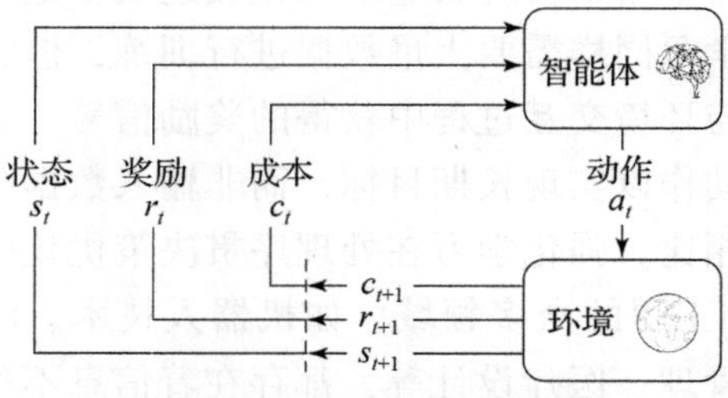

图 1.1 约束马尔可夫决策过程

因此，寻找一种既能保证安全又能有效完成目标任务的强化学习方法至关重要，这一强化学习的子领域被称为安全强化学习。安全强化学习可以定义为一个学习过程，该过程旨在最大化期望回报的同时，确保系统的合理性能，并在智能体学习阶段及最终部署过程中满足安全约束[9]。强化学习智能体在部署于安全敏感的实际环境之前，通常在无安全约束的可控环境中训练，例如在实验室或模拟器中。在这种情况下，只需要一个用于实际部署的安全策略，而不需要在训练阶段考虑安全问题。然而，当可控环境或模拟器不存在时，训练过程的安全至关重要。

安全强化学习中的核心问题在于如何定义安全，以及如何将其纳入学习过程。本书将安全定义为约束，其不仅限制智能体在实际部署阶段的行为策略，训练过程中的行为策略也同样受到安全约束。

1.1.1　安全约束强化学习

约束强化学习（Constrained RL）被视为安全强化学习的正式框架[10]。安全约束通常建立在与给定的环境状态（安全或不安全）标签的基础上，或与资源消耗相关[11]。如果强化学习策略可保证智能体在不超过资源限制或在频率限制内进入不安全状态，则被认为是安全的[12]。

在安全约束强化学习中，存在一个单独的安全信号，其也可以被视为第二种（负面的）奖励，本书称为安全成本。安全成本函数是也一种激励机制，促使智能体在学习过程中分辨安全与不安全行为。如图1.1所示，在每个时间步，智能体会考虑当前安全成本、状态以及之前采取的行动所获得的奖励。通过将长期安全成本与给定的安全阈值进行比较来评估安全性，该阈值指明了智能体学习的安全目标。例如，在电动汽车运行时，采取每个动作后消耗的电能可被视为安全成本，而电池容量则是安全阈值。

安全约束避免了设计复杂的奖励信号。在标准强化学习中，只需最大化累积长期奖励。有了额外的安全要求，必须设计一个可有效权衡仔细任务目标和安全目标的单一奖励信号。然而，在进行智能体训练之前，奖励信号的有效性并不能得到准确评估。即使找到一个可以达到预期安全目标的安全信号，智能体训练期间的安全也难以保证[13]。以上问题在使用单一奖励时是不可避免的，并在实践中已被反复验证[14-16]。而通过安全约束将安全从奖励中解耦后，可避免设计复杂奖励信号带来的一系列问题。

当前，强化学习领域的学者已经提出了许多解决安全约束强化学习问题的经典算法。例如，约束策略优化（Constrained Policy Optimization，CPO）方法是一种用于约束强化学习的通用策略搜索算法[14]，在指定奖励函数和约束条件的情况下，可确保每次策略迭代时约束被近似满足，并在理论上保证整个训练过程的安全。内点策略优化（Interior-point Policy Optimization，IPO）方法则利用受内点方法启发的对数障碍函数来辅助强化学习策略优化[17]，可在多约束同时满足的情况下最大化长期累积奖励。除此之外，还有许多改进的经典强化学习算法可以用于解决约束强化学习问题。例如，近端策略优化（Proximal Policy Optimization，PPO）[13]和Soft Actor Critic（SAC）[18]等方法的拉格朗日版本则利用拉格朗日方法处理约束强化学习问题，此类方法通常依据实时策略安全程度自适应调整安全权重，以获得任务目标和安全目标之间的合理平衡。以上约束强化学习方法对于如何处理各类实际约束以及在更复杂的场景中提高强化学习性能具有十分重要的借鉴意义。

1.1.2 安全强化学习分类

安全强化学习在如何在安全前提下学到策略方面已经取得了许多进展。然而，安全的定义并不总是相同的。本书将从三个维度对安全强化学习进行分析：训练方法、安全目标以及安全阶段。

1.1.2.1 训练方法

安全强化学习可以根据用于确保安全行为的方法或技术进行以下分类分析：

- 奖励设计：强化学习可以通过修改奖励信号来引导智能体学会期望的行为[19-21]。具体而言，可以通过应用塑造奖励函数来提高安全性，该函数根据智能体的行为在原始奖励基础上增加额外的奖励或惩罚。然而，设计一个平衡安全目标和任务目标的单一奖励函数十分复杂且可解释性差。

- 先验干预：强化学习可以利用预知的环境模型[22]、专家干预[23]、屏蔽机制[24]等方法使智能体做出更合理的决策或对智能体的危险行为进行纠正。当需要确保智能体训练阶段的安全时，此类方法十分有效。然而，此类方法一般基于很强的假设，实际条件不一定完全符合先验条件相关要求，致使适用范围较窄。

- 约束优化：强化学习可以使用安全约束来确保智能体不违反任何预定义的规则[25-26]。具体而言，必须定义一组约束并使用面向约束的强化学习算法。将安全建模为约束可更简洁明确地表征安全准则，本书后续介绍的安全强化学习算法都可归为这一类。

1.1.2.2 安全目标

安全强化学习可以根据算法要实现的具体目标或结果进行以下分类分析：

- 累积奖励单调性：强化学习中的安全性可以根据训练过程中累积奖励的单调性来定义[27-29]。这种情况下的安全目标是防止学习过程中累积奖励的任何显著下降，进而造成对智能系统整体性的损害。为实现这一目标，算法需要确保在每一步策略梯度计算后，长期累积奖励都会提高，并且不会发生任何极端的性能骤降。

- 环境状态遍历性：强化学习中的安全目标也可以是确保对环境状态的遍历性[30-32]。如果无法确保遍历性，智能体可能会受困于某些不利状态无法转换，进而无法控制可能产生的安全成本。在这种情况下，安全性与动作决策是否可逆有关。如果策略能使智能体在遇到的任何环境状态之间进行自由转换，那么该策略就是安全的。

- 规避负面结果：强化学习的环境状态可被标记为安全和不安全状态[12]。这种情况下，算法需要限制智能体采取不安全动作决策的可能性，并引导其采取安全行为。某些强化学习中的安全问题与资源消耗有关，学习过程还需要限制资源消耗[11]。本书后续算法的安全目标可被视为防止由于超过资源限制或访问不安全状态超过频率限制而导致的负面结果。

1.1.2.3　安全阶段

安全强化学习可以根据算法是否关注训练阶段安全而进行以下分类分析：

- 部署安全：当足够精度的仿真环境可用时，可以先使用仿真环境来训练智能体，然后在部署阶段直接使用训练好的智能体[9]。在这种情况下，训练过程可以专注于确保最终策略是安全的，而无须考虑训练过程的安全性。但只有当仿真具有高保真度并且能够准确复制部署环境的动态时，这类方法才是有效的。然而，这类方法通常无法保证训练阶段的安全性[14,18,26,33]。

- 训练安全：在无合适仿真环境的情况下，在智能体训练阶段解决安全问题至关重要。在这种情况下，结合先验知识或预测机制可以避免从零开始学习，以确保整个训练过程的安全性[23,34-35]。例如，智能体需要已知一组安全的初始状态，以确保策略训练早期的安全性[32]。然后，逐渐增加安全状态集，并降低安全相关函数的不确定性。

上述安全强化学习的类别并不是互斥的，许多安全强化学习方法可能同时属于多个类别。例如，文献［23］的工作在训练方法上属于先验干预，用于在训练阶段规避负面结果。虽然上述分类已经涵盖了当前安全强化学习中的主流方向，但未来新的方法可能不会完全属于任何一个类别。

1.1.3　测试基准环境

为了测试算法的有效性，需要各种基准环境来验证强化学习算法的安全性能。一般来说，传统的强化学习基准环境并没有特定的安全约束。例如，Arcade 学习环境[36]、OpenAI Gym[37]、Deepmind 控制套件[38]等。然而，一些经典环境可以很容易地被拓展为安全强化学习环境。具体而言，在每个时间步设计一个即时的安全成本，并给定一个安全阈值。例如，在第 5 章中改进的 MountainCar 和 CartPole 环境。

除了拓展经典强化学习环境之外，本书利用 Safety Gym[13] 建立基准环境。Safety Gym 是一套具有很强拓展性的高维连续控制环境，主要用于衡量安全约束强化学习算法的性能。在标准的 Safety Gym 基准套件中，每个环境都是由机器人、任务、难度等级组合而成的。例如，在图 1.2 中，一个点状机器人（robot）在二维地图中导航，以到达一个目标区域（goal），同时试图避免一个易碎品（vase）和几个危险区域（hazards）。机器人在接近目标时可以获得奖励，但如果触碰到障碍物，就会产生安全成本。除了标准套件外，还可以根据实际需要使用 Safety Gym 创建自定义环境。例如，在第 4 章中构建了评估策略安全探索能力的 Safety Gym 环境。总地来说，Safety Gym 具有很强可拓展性，可根据实际需求构建合适的安全强化学习环境。

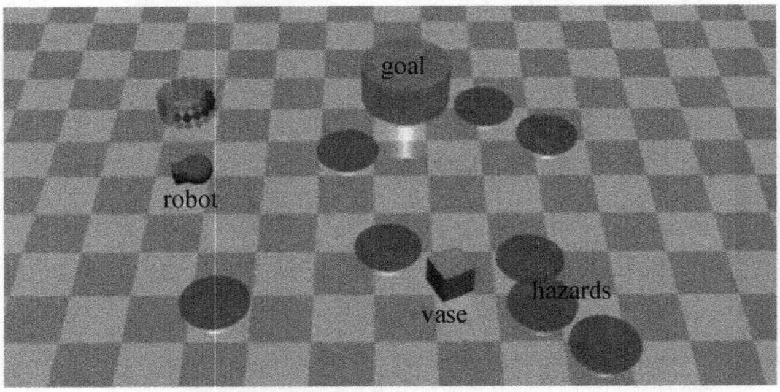

图 1.2 Safety Gym 环境示例

1.2 安全风险规避

本书通过施加约束[13-14]来建模安全问题，以避免设计复杂的单一奖励函数。传统安全约束强化学习方法通常基于长期安全成本的期望来定义安全，这确保了学得策略在平均意义上是安全的[14,17,26]。然而，由于策略的随机性和环境的动态性，长期安全成本的期望无法准确捕捉潜在的安全风险。因此，学得策略可能会产生超过安全阈值的个别轨迹。特别是当长期安全成本是长尾分布时，基于长期安全成本的期望来定义安全将面临极高的安全风险。对于安全敏感的实际问题，仅确保策略在平均意义的安全是不够的，长期安全成本的方差所导致的安全风险将被忽略。

基于长期安全成本期望的方法可设置较低的安全阈值，以实现更好的安全性能。然而，这种方法依然不能保证学得策略在极端情况下的表现是安全的。在将安全阈值设置得非常小之后，长期安全成本分布的尾部依然无法得到控制，极端情况下的安全成本可能依然很高。另外，对于许多工业场景和机器人等实际问题[39-41]，安全约束的建立需要依据实际成本的限制。因此，无法具体量化安全阈值应该缩小的幅度，以限制极端情况的发生。

基于分布式贝尔曼方程[42-44]，可以将长期累积安全成本的分布建模为高斯分布[45]。然而，在许多实际问题中，高斯近似法可能过于粗糙，特别是当分布不是高斯分布时。随着值分布强化学习（distributional RL）[46-49]的发展，出现了可以更准确地建模安全不确定性的方法。尽管最新的值分布强化学习算法最初是为具有离散动作空间的深度Q网络（DQN）[50]设计的，但其很容易推广到具有连续动作空间的设置中。通过长期累积安全成本的近似，可促使算法在策略优化过程中充分考虑安全风险，即个别极端情况的可能性。与仅估计长期累积安全成本的期望相比，安全约束强化学习应进行面向不同风险要求的策略优化，最终得到风险中性或风险规避的策略。

1.3　训练安全保证

在传统强化学习中，智能体通过试错来学习。因此，一般会通过模拟器来学习可以在现实世界中使用的策略。通过这种方式，即使模拟的代价十分昂贵，也不需考虑训练过程中的安全约束问题。在高保真度模拟器存在的假设下，目前大多数安全强化学习的研究更侧重于如何最终学得安全策略，但训练阶段的安全是无法保证的。然而，建立一个具有足够保真度的模拟器来抵消仿真与现实的差别是十分困难的。如果这种差别不被消除，训练好的策略就难以在现实世界的部署。强化学习的试错本质通常指的是训练过程。即使智能体可以通过混合模拟数据与真实数据来学习[51]，训练过程中仍然需要与真实世界的环境交互。因此，必须充分考虑训练期间的安全问题。

在大多数情况下，智能体会在对环境理解不足时加强探索。因此，不可避免地会执行一些可能不安全的行动决策，尤其是在训练的早期阶段。一般来说，如果从零开始学习，是无法保证训练期间安全的。因此，强化学习还需要借鉴人类的学习过程。人类的学习从来不是从零开始的，尤其是在安全方面。为了提高生存概率，数百万年的进化使人类拥有了许多安全本能。例如，年纪很小的婴儿对一些危险动物如蜘蛛和蛇的本能恐惧[52]。然而，安全本能不足以应付现实世界中的所有情况。人类成长过程更重要的一点是，婴儿很少单独学习，而是在成人的干预下学习。一方面，婴儿可以观察到成人的正确示范，通过模仿这些行为迅速学习，并掌握如何处理危险情况的方法。另一方面，在成人的监督下，婴儿可以进行一定程度的自由探索，无意识的危险行为会被成人干预。因此，婴儿可以从模仿成人和安全探索中学习，这保证了学习的安全性和效率。

与人类的学习相似，智能体的安全学习不需要从零开始。本书后续的研究主要是关于如何利用一些先验知识来训练强化学习智能体，以保证在训练过程中不违反安全约束。其中，先验知识主要是用来干预学习，而学习过程并不需要促使智能体进化出永不改变的安全本能。与成年人的干预类似，先验知识在不同的学习阶段会有不同的影响。随着智能体在目标任务上更好的表现，其学习过程也将变得越来越独立。总的来说，理想的先验知识能够同时兼顾安全性和探索能力，在保证训练安全的前提下，提升目标任务的学习效率。

1.4 关键问题

本书旨在解决制约安全强化学习在现实世界中进一步应用的关键问题。本书对风险控制要求下的安全定义进行了深入探讨，通过对经典安全强化学习模型与算法的优化，最终实现了基于有限先验的安全迁移学习。本书的相关研究主要基于两个对强化学习实际应用至关重要的安全需求：

（1）考虑到策略的随机性和环境的动态性，应该根据可指定的不同的风险要求来定义安全。

（2）当高保真度模拟器不存在时，与真实环境的交互不可避免的，智能体需要先验知识以确保训练安全。

基于上述两个至关重要的安全需求，本书的研究可以用一个关键问题概括为：

如何在安全约束强化学习中控制风险并确保训练安全？

本书通过四个子问题分步解决以上关键问题：

- 如何建模风险可控的安全强化学习？这一子问题旨在探究本书中安全的定义。在奖励和安全信号分开的情况下，需要用一个约束条件来表征安全目标。风险控制意味着在不同的风险水平下安全约束的强度不同。要实现风险控制就不能只要求平均意义上的安全，而是根据不同的风险要求来定义安全，使得最终可根据实际需求得出风险中性或风险规避的智能体行为策略。

- 如何训练得到风险规避的安全强化学习策略？作为上一子问题的延续，该子问题主要是如何依据问题的定义设计一个强化学习算法。为了实现风险控制，算法优化过程关注的应当是长期累积安全成本的分布而不只是其期望值。因此，必须首先对长期累积安全成本的分布进行近似，以总体掌握策略的不确定性。通过这种方式，可以将不同水平的条件风险值（Conditional Value - at - Risk，CVaR）作为安全评判标准来优化策略，以实现从安全的角度确定风险规避的程度。
- 如何通过迁移安全探索策略确保训练安全？这个子问题旨在探究如何解决训练安全。如果智能体从零开始学习，那么安全是无法保证的。因此，训练前的先验知识对于保持训练过程的安全至关重要。受人类学习模式（成人对婴儿学习的干预）的启发，本书的后续研究将介绍如何利用安全探索策略来指导目标任务的学习，并在目标任务的智能体训练过程中不允许违反约束条件。
- 如何建模并训练得到安全探索策略？沿着上一子问题，该子问题旨在进一步阐述获得安全探索策略的算法。在理想情况下，先验知识是一个能够以安全的方式诱导产生状态空间均匀分布的策略。因此，我需要在满足安全约束的前提下使状态密度的熵最大化。由此产生的策略是解决任何（未知）后续目标任务的一般起点。另外，理想的先验知识（安全探索策略）还应具有促进探索的能力，以提升目标任务的学习效率。

1.5 全书概览

为进一步将强化学习应用于现实世界，本书介绍了两个方面的研究，即风险可控的安全约束强化学习，以及训练并迁移安全探索策略。图 1.3 展示了本书的结构，以及各部分内容之间的逻辑关系。

首先，为了实现风险控制，本书介绍了一个新的安全强化学习问题的定义方法，使得在策略训练前可以指定在安全上风险规避或风险中性的相关要求。为解算新定义的模型，介绍了一个异策略强化学习算法框架 Worst - Case Soft Actor Critic（WCSAC）。来自长期累积安全成本分布的一定水平的条件风险值将被给定阈值所限制，以引导自适应安全权重的变化，并实现任务目标和安全目标间的平衡。因此，利用上述模型和算法可以计算出依然满足安全约束的强化学习策略。另外，本书还介绍了两种估计长期累积安全成本分布的方法，即高斯近似法和分位数回归法。高斯近似法简单易行，但可

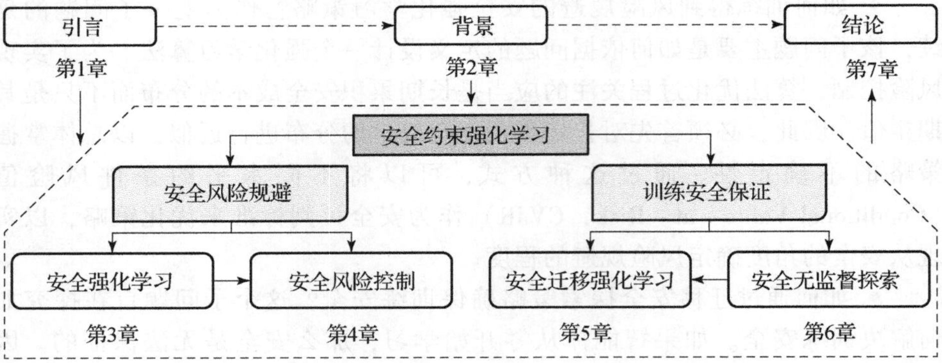

图 1.3 全书结构概览

能会低估安全成本；而分位数回归法更加精确，但计算复杂度更高。

其次，为了确保训练安全，本书介绍了一个安全迁移强化学习框架，即安全引导框架 Safe Guide（SaGui），其通过迁移安全探索策略来增强目标任务学习的安全性，并提高目标任务的学习效率。安全探索策略需在一个受安全约束的无奖励强化学习环境中训练得到，其中智能体的学习目标是在没有奖励信号的情况下，学会安全高效地探索环境。该智能体是在一个只有安全成本信号的受控环境中训练的，其与环境的不安全交互是不受限制的。然而，在目标任务中，需要保证训练安全。因此，安全探索策略可被用来形成一个安全的组合采样策略。借鉴迁移学习，在目标策略不可靠的时候，可将目标策略向先验（安全探索）策略正则化，并随着目标策略的提高逐渐消除先验策略的影响。

本书的第 2 章描述了全书中使用的数学定义和符号。首先，介绍了用于建模安全约束强化学习问题的约束马尔可夫决策过程的基本原理。根据此模型，介绍了拉格朗日版的 Soft Actor Critic 算法（SAC - lag）优化策略的基本过程。为了在安全约束强化学习问题中获得风险可控的稳健策略，阐述了如何通过分位数回归法对安全不确定性进行建模。此外，还介绍了由策略随机性和环境动态性产生的状态密度，以及如何以无模型的方式对该状态密度进行近似。

本书的第 3 章首先全面分析了在安全强化学习中控制风险的必要性。由于策略的安全评估存在一定的不确定性，基于期望的安全约束并不足以捕捉潜在的风险，因此，需要以一种更加风险规避的方式来定义安全。在风险规避的安全定义基础上，本章着重介绍了 WCSAC 算法框架。WCSAC 用一个单独的分布式安全评估项（与奖励评估项并行）来拓展 SAC 算法，使算法在面对具有更高安全要求的强化学习问题时更具适应性。本章还阐述了通过高斯近似来拟合长期累积安全成本的分布，使得在策略更新时可以将安全方面的极端情况考虑在内。实证分析表明，与基于期望安全的方法相比，WCSAC 算法可以实现更好的风险控制。

本书的第 4 章则介绍了如何改进 WCSAC 框架，并指出了高斯近似法长期累积安全成本分布的弊端。当长期累积安全成本分布不是高斯分布时，高斯近似法不能通过其期望值和方差准确描述实际分布，而且分布的尾部极有可能被低估，特别是当分布是重尾的时候。此外，高斯近似法并不具备值分布强化学习方法的一般优势。因此，本章介绍了由分位数回归法来实现分布近似，其可对分布的上尾部分进行更精确的估计。实证分析表明，有了更精确的安全评估，WCSAC 可以在更复杂的安全敏感环境中实现更好的风险控制。

本书的第 5 章强调了引入先验知识以确保训练安全的必要性。如果智能体从零开始学习，则不可能确保训练安全。同时考虑样本效率和安全性的情况下，本章介绍了安全引导（SaGui）框架，其在目标任务中利用安全探索策略确保训练安全。安全探索策略可在安全的前提下对目标环境实现高效的探索。然后，本章详细阐述了在样本采集过程中如何利用安全探索策略来组成安全行为策略，以及如何自适应地通过模仿学习使目标策略向先验策略正则化。实证分析表明，SaGui 是一种安全、高效的在目标任务中优化智能体行为策略的方法。

本书的第 6 章介绍了如何通过约束熵最大化算法（Constrained Entropy Maximization，CEM）来获得安全探索策略，并分析了基于传统强化学习范式来增强探索的弊端。考虑到在复杂强化学习问题中近似完整状态密度的难度，本章阐述了如何在安全强化学习中使用 k 近邻状态熵估计器来评估策略的探索能力，以及如何自适应平衡探索目标和安全目标，并进行策略更新。实证分析表明，CEM 可以在复杂的连续控制问题中学得安全探索策略，并且该策略的迁移可促进智能体在安全的前提下，在目标任务中的高效学习。

本书的第 7 章总结了本书中安全约束强化学习的研究内容，列出了所有模型及算法的创新性和局限性，并展望了安全强化学习的潜在研究方向。

1.6　参考文献

[1] HUNT E B. Artificial intelligence[M]. Cambridge, Massachusetts: Academic Press, 2014.
[2] SUTTON R S, BARTO A G. Reinforcement learning: An introduction[M]. Cambridge, Massachusetts:

MIT Press,2018.
[3]ALPAYDIN E. Machine learning[M]. Cambridge,Massachusetts: MIT Press,2021.
[4]ROY B V. Neuro – dynamic programming: Overview and recent trends[J]. Handbook of Markov Decision Processes,2002: 431 –459.
[5]PUTERMAN M L. Markov decision processes: Discrete stochastic dynamic programming[M]. Hoboken, New Jersey: John Wiley & Sons,2014.
[6]MAROT A,DONNOT B,ROMERO C,et al. Learning to run a power network challenge for training topology controllers[J]. Electric Power Systems Research,2020,189: 106635.
[7]SUBRAMANIAN M,VIEBAHN J,TINDEMANS S H,et al. Exploring grid topology reconfiguration using a simple deep reinforcement learning approach[C]//2021 IEEE Madrid PowerTech. IEEE,2021: 1 –6.
[8]DI NOIA T,TINTAREV N,FATOUROU P,et al. Recommender systems under European AI regulations [J]. Communications of the ACM,2022,65(4): 69 –73.
[9]GARCíA J,FERNáNDEZ F. A comprehensive survey on safe reinforcement learning[J]. The Journal of Machine Learning Research,2015,16(1): 1437 –1480.
[10]ALTMAN E. Constrained Markov decision processes[M]. Boca Raton,Florida: CRC Press,1999.
[11]WALRAVEN E,SPAAN M T J. Column generation algorithms for constrained pomdps[J]. Journal of Artificial Intelligence Research,2018,62:489 –533.
[12]HANS A,SCHNEEGASS D,SCHÄER A M,et al. Safe exploration for reinforcement learning. [C]// ESANN. Citeseer,2008: 143 –148.
[13]RAY A,ACHIAM J,AMODEI D. Benchmarking safe exploration in deep reinforcement learning[Z]. 2019.
[14]ACHIAM J,HELD D,TAMAR A,et al. Constrained policy optimization[C]//Proceedings of the 34th International Conference on Machine Learning. PMLR,2017: 22 –31.
[15]PHAM T H,DE MAGISTRIS G,TACHIBANA R. Optlayer – practical constrained optimization for deep reinforcement learning in the real world[C]//2018 IEEE International Conference on Robotics and Automation(ICRA). IEEE,2018: 6236 –6243.
[16]DALAL G,DVIJOTHAM K,VECERIK M,et al. Safe exploration in continuous action spaces[A]. 2018.
[17]LIU Y,DING J,LIU X. IPO: Interior – point policy optimization under constraints[C]//Proceedings of the AAAI Conference on Artificial Intelligence. 2020: 4940 –4947.
[18]HA S,XU P,TAN Z,et al. Learning to walk in the real world with minimal human effort[Z]. 2020.
[19]NG A Y,RUSSELL S,et al. Algorithms for inverse reinforcement learning. [C]//International Conference on Machine Learning. PMLR,2000.
[20]GRBIC D, RISI S. Safe reinforcement learning through meta – learned instincts[C]//Artificial Life Conference Proceedings: ALIFE 2020: The 2020 Conference on Artificial Life. United States: MIT Press,2020: 183 –291.
[21]KAMRAN D,SIMÃO T D,YANG Q,et al. A modern perspective on safe automated driving for different traffic dynamics using constrained reinforcement learning[C]//2022 IEEE 25th International Conference on Intelligent Transportation Systems(ITSC). IEEE,2022: 4017 –4023.
[22]PRAKASH B,KHATWANI M,WAYTOWICH N,et al. Improving safety in reinforcement learning using model – based architectures and human intervention[C]//The Thirty – Second International Flairs

Conference. 2019.

[23] PENG Z, LI Q, LIU C, et al. Safe driving via expert guided policy optimization[C]//Conference on Robot Learning. PMLR, 2022: 1554 - 1563.

[24] ALSHIEKH M, BLOEM R, EHLERS R, et al. Safe reinforcement learning via shielding[C]//Proceedings of the Thirty - Second AAAI Conference on Artificial Intelligence. AAAI Press, 2018: 2669 - 2678.

[25] CHOW Y, GHAVAMZADEH M, JANSON L, et al. Risk - constrained reinforcement learning with percentile risk criteria[J]. The Journal of Machine Learning Research, 2017, 18(1): 6070 - 6120.

[26] YANG T, ROSCA J, NARASIMHAN K, et al. Projection - based constrained policy optimization[C]//8th International Conference on Learning Representations. OpenReview. net, 2020: 1 - 10.

[27] PIROTTA M, RESTELLI M, PECORINO A, et al. Safe policy iteration[C]//International Conference on Machine Learning. PMLR, 2013: 307 - 315.

[28] PAPINI M, PIROTTA M, RESTELLI M. Smoothing policies and safe policy gradients[A]. 2019.

[29] SIMÃO T D, SPAAN M T. Safe policy improvement with baseline bootstrapping in factored environments [C]//Proceedings of the AAAI Conference on Artificial Intelligence: Vol. 33. 2019: 4967 - 4974.

[30] MOLDOVAN T M, ABBEEL P. Safe exploration in Markov decision processes[C]//ICML. 2012.

[31] EYSENBACH B, GU S, IBARZ J, et al. Leave no trace: Learning to reset for safe and autonomous reinforcement learning[C]//International Conference on Learning Representations. 2018.

[32] TURCHETTA M, BERKENKAMP F, KRAUSE A. Safe exploration in finite markov decision processes with gaussian processes[C]//Proceedings of the 30th International Conference on Neural Information Processing Systems. 2016:4312 - 4320.

[33] QIN Z, CHEN Y, FAN C. Density constrained reinforcement learning[C]//Proceedings of the 38th International Conference on Machine Learning. PMLR, 2021: 8682 - 8692.

[34] SIMÃO T D, JANSEN N, SPAAN M T J. AlwaysSafe: Reinforcement learning without safety constraint violations during training[C]//Proceedings of the 20th International Conference on Autonomous Agents and MultiAgent Systems(AAMAS). IFAAMAS, 2021: 1226 - 1235.

[35] YANG Q, SIMÃO T D, JANSEN N, et al. Training and transferring safe policies in reinforcement learning [C]//AAMAS 2022 Workshop on Adaptive Learning Agents. 2022.

[36] BELLEMARE M G, NADDAF Y, VENESS J, et al. The arcade learning environment: An evaluation platform for general agents[J]. Journal of Artificial Intelligence Research, 2013, 47: 253 - 279.

[37] BROCKMAN G, CHEUNG V, PETTERSSON L, et al. OpenAI gym[A]. 2016.

[38] TASSA Y, DORON Y, MULDAL A, et al. Deepmind control suite[A]. 2018.

[39] JARDINE A K, LIN D, BANJEVIC D. A review on machinery diagnostics and prognostics implementing condition - based maintenance[J]. Mechanical Systems and Signal Processing, 2006, 20(7): 1483 - 1510.

[40] BOUTILIER C, LU T. Budget allocation using weakly coupled, constrained Markov decision processes [C]//Proceedings of the Thirty - Second Conference on Uncertainty in Artificial Intelligence. 2016: 52 - 61.

[41] DE NIJS F, SPAAN M, DE WEERDT M. Best - response planning of thermostatically controlled loads under power constraints [C]//Proceedings of the AAAI Conference on Artificial Intelligence: Vol. 29. 2015.

[42] SOBEL M J. The variance of discounted Markov decision processes[J]. Journal of Applied Probability, 1982, 19(4): 794 – 802.

[43] MORIMURA T, SUGIYAMA M, KASHIMA H, et al. Parametric return density estimation for reinforcement learning[C]//Twenty – Sixth Conference on Uncertainty in Artificial Intelligence. AUAI Press, 2010: 368 – 375.

[44] TAMAR A, DI CASTRO D, MANNOR S. Learning the variance of the reward – to – go[J]. The Journal of Machine Learning Research, 2016, 17(1): 361 – 396.

[45] TANG Y C, ZHANG J, SALAKHUTDINOV R. Worst cases policy gradients[C]//3rd Annual Conference on Robot Learning. PMLR, 2020: 1078 – 1093.

[46] BELLEMARE M G, DABNEY W, MUNOS R. A distributional perspective on reinforcement learning [C]//Proceedings of the 34th International Conference on Machine Learning. PMLR, 2017: 449 – 458.

[47] DABNEY W, ROWLAND M, BELLEMARE M G, et al. Distributional reinforcement learning with quantile regression[C]//Thirty – Second AAAI Conference on Artificial Intelligence. AAAI Press, 2018: 2892 – 2901.

[48] DABNEY W, OSTROVSKI G, SILVER D, et al. Implicit quantile networks for distributional reinforcement learning[C]//Proceedings of the 35th International Conference on Machine Learning. 2018: 1096 – 1105.

[49] YANG D, ZHAO L, LIN Z, et al. Fully parameterized quantile function for distributional reinforcement learning[C]//Advances in Neural Information Processing Systems 32. Curran Associates, Inc., 2019: 6193 – 6202.

[50] MNIH V, KAVUKCUOGLU K, SILVER D, et al. Human – level control through deep reinforcement learning [J]. Nature, 2015, 518(7540): 529 – 533.

[51] CUTLER M, WALSH T J, HOW J P. Reinforcement learning with multifidelity simulators[C]//2014 IEEE International Conference on Robotics and Automation(ICRA). IEEE, 2014: 3888 – 3895.

[52] HOEHL S, HELLMER K, JOHANSSON M, et al. Itsy bitsy spider…: Infants react with increased arousal to spiders and snakes[J]. Frontiers in Psychology, 2017, 8: 1710.

第2章 背景

本书的相关研究专注于解决带有安全约束的强化学习问题，并将其构建为约束马尔可夫决策过程（Constrained Markov Decision Processes，CMDPs）。智能体的目标是在满足给定安全约束的前提下，最大化长期累积奖励的总和。在详细介绍本书的主要模型和算法之前，首先对符号、模型以及先前处理此类安全约束强化学习问题的方法进行描述。2.1 节介绍了作为本文研究基础的 CMDPs 的基本原理。进一步地，2.2 节阐述了如何通过拉格朗日版本的 Soft Actor－Critic（SAC）算法（简称 SAC－Lag）来解决 CMDPs 问题，该算法的主要目标是实现平均意义下的安全。为了在安全敏感的强化学习问题中获得更为稳健的策略，2.3 节阐释了如何利用分位数回归（Quantile Regression，QR）法来评估安全不确定性。本书为了确保训练过程的安全性，后续将介绍一种安全探索策略，该策略通过最大化状态密度的熵来进行训练，以促进探索。2.4 节引入了状态密度的概念，该密度是由策略的随机性和环境的动态性产生的，在此基础上阐述了如何在无模型的条件下对状态密度的熵进行近似，为安全探索策略的优化提供了基准。

2.1 约束马尔可夫决策过程

安全强化学习问题可表述为一个约束马尔可夫决策过程（Constrained Markov Decision Process，CMDP）[1-2]，其由一个元组$(\mathcal{S},\mathcal{A},\mathcal{P},r,c,d,T,\iota)$构成，其中 $\mathcal{S}$ 是状态空间，$\mathcal{A}$ 是动作空间。在约束强化学习问题中，智能体在状态转移函数 $\mathcal{P}$：$\mathcal{S}\times\mathcal{A}\times\mathcal{S}\rightarrow[0,1]$，奖励函数 r：$\mathcal{S}\times\mathcal{A}\rightarrow[r_{\min},r_{\max}]$，安全成本函数 c：$\mathcal{S}\times\mathcal{A}\rightarrow[c_{\min},c_{\max}]$均未知的情况下，与环境交互。每条轨迹开始于一个随机状态 $s_0\sim\iota$：$\mathcal{S}\rightarrow[0,1]$。在每个离散时间步 t，智能体观测当

前状态 $s_t \in \mathcal{S}$，并执行动作 $a_t \in \mathcal{A}$。之后，智能体会收到奖励 $r(s_t, a_t)$，成本 $c(s_t, a_t)$ 和下一状态 $s_{t+1} \sim \mathcal{P}(\cdot \mid s_t, a_t)$。这一过程不断重复，直到满足某些终止条件，如达到了时间边界 T。智能体的动作由一个策略 π：$\mathcal{S} \times \mathcal{A} \to [0,1]$ 进行选择。通过这种方式，策略 π 可引出一个完整轨迹的分布 $\mathcal{T}_\pi = (s_0, a_0, s_1, \cdots)$，其中 $s_0 \sim \iota$，$a_t \sim \pi(\cdot \mid s_t)$，且 $s_{t+1} \sim \mathcal{P}(\cdot \mid s_t, a_t)$。

在 CMDPs 中，有两个随机变量至关重要，即根据特定策略 π 得到的在一个轨迹中的总回报（return）$Z_\pi^r = \sum_{t=0}^{T} r(s_t, a_t)$ 和总安全成本（cost - return）：$Z_\pi^c = \sum_{t=0}^{T} c(s_t, a_t)$。

定义 2.1.1（基于期望值的安全） 如果一个策略 π 对应的预期总成本保持在安全阈值 d 以下，那么该策略是安全的：

$$\mathbb{E}[Z_\pi^c] \leqslant d$$

通过与环境的交互，智能体必须学习一个安全策略 π，使预期总奖励最大化：

$$\max_\pi \mathbb{E}[Z_\pi^r] \quad \text{s.t.} \quad \mathbb{E}[Z_\pi^c] \leqslant d \tag{2.1}$$

对于一个复杂的长周期问题（$T \gg 1$），通常会引入一个折扣因子 $\gamma \in (0.0, 1.0)$，以降低问题的复杂度。折扣因子可以使算法优化过程中得到与周期长短无关的单一稳态价值函数，策略评估的复杂度将大大降低。

由此，可定义从初始状态 (s,a) 开始的累积折扣奖励和累积折扣成本，即

$$\begin{cases} Z_\pi^r(s,a) = \sum_{t=0}^{\infty} \gamma^t r(s_t, a_t) \mid s_0 = s, a_0 = a \\ Z_\pi^c(s,a) = \sum_{t=0}^{\infty} \gamma^t c(s_t, a_t) \mid s_0 = s, a_0 = a \end{cases} \tag{2.2}$$

如果 π、s 和 a 表意清晰，下文将累积安全成本 $Z_\pi^c(s,a)$ 表示为 C。由此，可定义

$$\begin{cases} Q_\pi^{r'}(s,a) = \mathbb{E}_{(s_t,a_t) \sim \mathcal{T}'_\pi}[Z_\pi^r(s,a)] \\ Q_\pi^c(s,a) = \mathbb{E}_{(s_t,a_t) \sim \mathcal{T}'_\pi}[Z_\pi^c(s,a)] = \mathbb{E}_{(s_t,a_t) \sim \mathcal{T}'_\pi}[C] \end{cases} \tag{2.3}$$

对于安全成本，可将价值函数表示为

$$V_\pi^c(s) = \mathop{\mathbb{E}}_{(s_t,a_t) \sim \mathcal{T}'_\pi}\left[\sum_{t=0}^{\infty} \gamma^t c(s_t, a_t) \,\middle|\, s_0 = s\right] \tag{2.4}$$

安全成本的优势函数则表示为

$$A_\pi^c(s,a) = Q_\pi^c(s,a) - V_\pi^c(s) \tag{2.5}$$

2.2 约束最大熵强化学习

当智能体对环境理解不够时，安全约束在探索过程中是无法被满足的。在学习的早期阶段，需要促进探索以增强对环境的理解。但是，策略的熵需要实现与安全约束的平衡，而且必须允许策略收敛到一个相对确定的策略，以降低安全方面的不确定性。带有熵约束和自适应熵权重的 Soft Actor Critic (SAC)[3-4]算法，基本满足上述要求。本节将阐述SAC 算法的拉格朗日版本 (SAC-Lag)[5]，该算法可以解决带有安全约束的最大熵强化学习问题：

$$
\begin{aligned}
\max_{\pi} \quad & \mathbb{E}[Z_{\pi}^{r}] \\
\text{s.t.} \quad & \mathbb{E}[Z_{\pi}^{c}] \leqslant \bar{d} \\
& \mathop{\mathbb{E}}_{(s_t,a_t)\sim\mathcal{T}_{\pi}}[-\log(\pi_t(a_t \mid s_t))] \geqslant h \quad \forall t
\end{aligned}
\tag{2.6}
$$

其中，安全成本的约束是建立在整个轨迹上的全局约束，而策略熵的约束是建立在离散时间步上的局部约束。

SAC-Lag 是一种基于 SAC 的算法，其有两个评估项：奖励评估项可估计长期累积奖励的期望值，以促进目标任务的学习；安全评估项则估计长期累积安全成本的期望值，以强化算法对安全成本的限制。在 SAC-Lag 算法中，约束优化问题是通过拉格朗日方法解决的。为了寻求探索、奖励、安全之间的合理平衡，自适应的熵权重和安全权重（拉格朗日乘数）β 和 ω 被引入式（2-1）所示的约束强化学习中，可得

$$
\min_{\beta\geqslant 0}\min_{\omega\geqslant 0}\max_{\pi}\mathcal{G}(\pi,\beta,\omega) \doteq f(\pi)-\beta e(\pi)-\omega g(\pi)
$$

其中，

$$
\begin{cases}
f(\pi) = \mathop{\mathbb{E}}_{s_0\sim\iota,a_0\sim\pi(\cdot\mid s_0)}[Z_{\pi}^{r}(s_0,a_0)] \\
e(\pi) = \mathop{\mathbb{E}}_{(s_t,a_t)\sim\mathcal{T}_{\pi}}[\log(\pi(a_t\mid s_t))]+h \\
g(\pi) = \mathop{\mathbb{E}}_{s_0\sim\iota,a_0\sim\pi(\cdot\mid s_0)}[Z_{\pi}^{c}(s_0,a_0)]-\bar{d}
\end{cases}
\tag{2.7}
$$

上述优化问题是通过对 π 的梯度上升，对 β 和 ω 的梯度下降来解决的。最小策略熵用 h 来表示，$\bar{d}$ 是 d 的折扣近似。本书将 d 的折扣近似定义为

$$
\bar{d} = \frac{(1-\gamma^{T})d}{(1-\gamma)T_{\max}} \tag{2.8}
$$

上式假设每一步产生的安全成本相等，且 $T_{\max}$ 是轨迹可能出现的最大长度。这个假设并不严格符合实际，因为在实际问题中很难出现每一步安全成本都相等的情况。而且，在任意一条轨迹的前几步，往往没有产生安全成本。然而，由于算法优化的是历史存储的每个状态动作对应的累积折扣安全成本，d 的折扣近似 $\bar{d}$ 在这里是近似正确的。

Ha 等[5]研究了可适应局部约束的 SAC - Lag 算法，对应问题的安全成本在每个离散时间步都会受到限制。然而，SAC - Lag 算法可以被拓展用于解决约束预期累积安全成本的问题①。本书用 J 表示损失函数，用 θ 表示神经网络参数。与文献［4］使用的表述类似，可将策略损失表示为

$$J_{\pi}(\theta_{\pi}) = \mathop{\mathbb{E}}_{s_t \sim \mathcal{D}, a_t \sim \pi}[\beta\log\pi(a_t \mid s_t) - Q_{\pi}^{r}(s_t, a_t) + \omega Q_{\pi}^{c}(s_t, a_t)] \tag{2.9}$$

其中，熵权重 β（拉格朗日乘数）控制策略的随机性，也决定了熵项相对于奖励和成本的相对重要性；$\mathcal{D}$ 是重放缓冲区；θ_{π} 表示策略 π 的参数。令 θ_{ω} 和 θ_{β} 作为从安全权重和熵权重的参数，并满足 $\omega = \text{softplus}(\theta_{\omega})$ 和 $\beta = \text{softplus}(\theta_{\beta})$，其中

$$\text{softplus}(x) = \log(\exp(x) + 1) \tag{2.10}$$

由此可通过最小化对应的损失函数来优化 ω 和 β，即

$$\begin{cases} J_{s}(\theta_{\omega}) = \mathop{\mathbb{E}}_{\substack{s_t \sim t \\ a_t \sim \pi}}[\omega(\bar{d} - Q_{\pi}^{c}(s_t, a_t))] \\ J_{e}(\theta_{\beta}) = \mathop{\mathbb{E}}_{\substack{s_t \sim \mathcal{D} \\ a_t \sim \pi}}[-\beta(\log(\pi(a_t \mid s_t)) + h)] \end{cases} \tag{2.11}$$

因此，如果策略违反了安全约束条件，或者策略熵不满足要求，相应的权重将被调整。

2.3 值分布强化学习

传统约束强化学习方法只考虑长期累积奖励与安全成本的期望值。本节将阐述如何估计这些随机变量的完整分布。以本节内容为基础，本书后续章节将讨论如何利用累积安全成本的尾部来计算更安全的策略。

值分布强化学习提供了一种估计长期累积奖励分布的方法，而不只是对

① 类似方法已被用于代码中，可在 https://github.com/openai/safety-starter-agents 中找到。

期望值进行建模[6-9]。因此，在风险规避的具体问题中应当首先考虑值分布强化学习方法。即使在传统的安全无关强化学习问题中，与标准的基于期望的方法相比，值分布强化学习算法仍具有更好的样本效率和最终性能，但最新的值分布强化学习技术还没有应用于具有单独奖励和安全信号的安全约束强化学习问题中。

分位数回归（Quantile Regression，QR）法是值分布强化学习的主要技术之一，主要用于估计长期累积奖励的分布。分位数回归法与 DQN[10] 相结合，产生了 QR-DQN[7]、IQN[8]、FQF[9] 等一系列方法。在这些方法中，分布之间的差异是通过 1-Wasserstein 距离来衡量的，即

$$W_1(u,v) \doteq \int_0^1 |F_u^{-1}(x) - F_v^{-1}(x)| \mathrm{d}x \tag{2.12}$$

其中，u 和 v 均为随机变量（例如，累积回报和安全成本）；F 为累积分布函数（Cumulative Distribution Function，CDF）。分位数回归法的值分布强化学习方法会去近似长期累积奖励分布 CDF 的逆函数，即把分位数 $\tau \in [0,1]$ 映射到相应的函数值 Z^{τ} 上①，其可被表示为 $Z^{\tau} = F_Z^{-1}(\tau)$。QR-DQN、IQN 和 FQF 的主要区别在于训练期间生成分位数的方法有所不同。与固定分位数（QR-DQN）法和随机抽样分位数（IQN）法相比，分位数回归法理论上可以通过使用建议网络（FQF），为每个状态-动作对产生合适的分位数来更好地近似真实分布。然而，试验证明 IQN 在测试中表现更好，而且在复杂环境中调参难度更低[11]。IQN 分位值的学习将基于 Huber 分位数回归损失函数[12]，即

$$\mathcal{J}_{\tau}^{\kappa}(\varrho) = |\tau - \mathbb{I}\{\varrho < 0\}| \frac{\mathcal{L}_{\kappa}(\varrho)}{\kappa} \tag{2.13}$$

其中

$$\mathcal{L}_{\kappa}(\varrho) = \begin{cases} \frac{1}{2}\varrho^2, & |\varrho \leqslant \kappa| \\ \kappa\left(\left|\varrho - \frac{1}{2}\kappa\right|\right), & 其他 \end{cases} \tag{2.14}$$

其中，κ 是使区间 $[-\kappa,\kappa]$ 上的损失为二次损失的阈值。但是，如果在区间之外，则为常规的量化损失。基于分布式贝尔曼运算符[13-15]，即

$$\mathcal{B}^{\pi} Z(s,a) \doteq r(s,a) + \gamma Z(s',a') \tag{2.15}$$

可得到分位数 τ_i 和 τ'_j 对应的分位值之间的时间差分误差（TD error）ϱ_{ij}，即

① 在本节中，Z 表示回报 $Z_{\pi}^{\tau}(s,a)$，但这种方法很容易被拓展为估计累积安全成本的分布。

$$\varrho_{ij} = r(s,a) + \gamma Z_j^{\tau'}(s',\pi(s')) - Z^{\tau_j}(s,a) \tag{2.16}$$

其中，(s,a,r,a')是从缓存空间$\mathcal{D}$采样而来的样本，而策略

$$\pi(s) = \arg\max_{a\in\mathcal{A}} Q^{r'}(s,a) \tag{2.17}$$

随后，分别使用N和N'个独立同分布的$\tau,\tau' \sim U([0,1])$样本，可得到IQN的损失函数，即

$$\mathcal{J}(s,a,r,s') = \frac{1}{N'}\sum_{i=1}^{N}\sum_{j=1}^{N'}\mathcal{J}_{\tau_i}^{\kappa}(\varrho_t^{\tau_i,\tau_j'}) \tag{2.18}$$

为进行策略评估，可通过使用K个独立同分布的$\tilde{\tau} \sim U([0,1])$样本来近似$Q^r(s,a)$，即

$$Q^r(s,a) \doteq \frac{1}{K}\sum_{k=1}^{K} Z^{\tilde{\tau}_k}(s,a) \tag{2.19}$$

需要注意的是，τ、τ'和$\tilde{\tau}$是从IQN近似的连续分布中独立进行采样的。τ'用于计算时间差分误差（几个τ'对应的平均分位值），τ是需要估计的目标分位数。

2.4　无模型状态熵估计

状态密度函数ρ：$\mathcal{S}\to\mathbb{R}_{\geqslant 0}$衡量了状态空间中的状态密度。给定初始状态分布$\iota$，一个策略$\pi$与CMDPs相互作用，诱导出轨迹的第$t$步状态密度：

$$\begin{cases}\rho_t^{\pi}(s) = P(s_t = s \mid \pi) = \int_{\mathcal{J}} P(\tau \mid s_t = s,\pi) \\ \rho_t^{\pi}(s) = \int_{\mathcal{S}} \rho_{t-1}^{\pi}(s') \int_{\mathcal{A}} \pi(a \mid s')\mathcal{P}(s \mid s',a)\,\mathrm{d}a\mathrm{d}s'\end{cases} \tag{2.20}$$

其中，$t>0$。对于时间周期确定为T的CMDPs而言，状态s的静态密度可被表示为

$$\rho_T^{\pi}(s) = \frac{1}{T}\sum_{t=1}^{T}\rho_t^{\pi}(s) \tag{2.21}$$

状态s的静态密度可被视为一个平均状态密度，且$\int_{\mathcal{S}}\rho_T^{\pi}(s) = 1$。然而，在复杂的连续控制问题中，估计完整状态密度$\rho_T^{\pi}(s)$的模型十分复杂且难以实现[16-17]。因此，需要避免对环境转移动力学模型进行建模，以及直接估计状态密度。

为避免直接估计状态密度，本书中的算法将利用无模型的k近邻（k-

NN）熵估计器[18]。k – NN 熵估计器通过观察从分布中抽取的随机样本在相应空间上的分散程度来估计熵[19]。

状态密度的微分熵 $\rho(s)$ 定义为 $\mathcal{H}(\rho) = -\int \rho(s) \ln \rho(s) \mathrm{d}s$。在无状态密度模型的情况下，可以对给定的一组粒子的熵进行近似。然后，可以使用 k – NN 熵估计器，其形式为

$$\hat{\mathcal{H}}_N^k(\rho) = -\frac{1}{N}\sum_{i=1}^{N} \ln \frac{k}{NV_i^k} + \ln k - \Psi(k) \tag{2.22}$$

其中，Ψ 为双伽马函数，$\ln k - \Psi(k)$ 为偏差修正项，V_i^k 是半径为 $\| s_i - s_i^{k-\mathrm{NN}} \|_2$ 的超球体的体积，$s_i^{k-\mathrm{NN}}$ 是 s_i 的 k 近邻。在实际中，目标密度 ρ 可能与抽样分布 ρ' 不同，则需要采用一个重要性加权（Importance – Weighted，IW）的 k – NN 熵估计器对 $\mathcal{H}(\rho)$ 进行估计：

$$\hat{\mathcal{H}}_N^k(\rho \mid \rho') = -\sum_{i=1}^{N} \frac{W_i}{k} \ln \frac{W_i}{V_i^k} + \ln k - \Psi(k) \tag{2.23}$$

其中，$W_i = \sum_{j \in \mathcal{N}_i^k} w_j$，$\mathcal{N}_i^k$ 是 s_i 的 k – NN 索引集，且

$$w_j = \frac{\rho(s_j)/\rho'(s_j)}{\sum_{n=1}^{N} \rho(s_n)/\rho'(s_n)}$$

是样本 s_j 的归一化重要性加权。然后，也可以用密度之间的 Kullback – Leibler（KL）[20]散度来衡量策略之间的差异，即

$$\hat{D}_{\mathrm{KL}}(\rho \| \rho') = \frac{1}{N}\sum_{i=1}^{N} \ln \frac{k/N}{W_i} \tag{2.24}$$

当 $\rho = \rho'$ 且 $w_j = 1/N$ 时，$\hat{D}_{\mathrm{KL}}(\rho \| \rho')$ 为零。同时，式（2.23）计算得出的结果等于式（2.22）得出的结果。

2.5 参考文献

[1] ALTMAN E. Constrained Markov decision processes[M]. Boca Raton, Florida: CRC Press, 1999.

[2] BORKAR V S. An actor – critic algorithm for constrained Markov decision processes[J]. Systems & Control Letters, 2005, 54(3): 207 – 213.

[3] HAARNOJA T, ZHOU A, ABBEEL P, et al. Soft actor – critic: Off – policy maximum entropy deep reinforcement learning with a stochastic actor[C]//Proceedings of the 35th International Conference on Machine Learning. PMLR, 2018: 1861 – 1870.

[4] HAARNOJA T, ZHOU A, HARTIKAINEN K, et al. Soft actor – critic algorithms and applications[Z].

2018.
[5] HA S, XU P, TAN Z, et al. Learning to walk in the real world with minimal human effort[Z]. 2020.
[6] BELLEMARE M G, DABNEY W, MUNOS R. A distributional perspective on reinforcement learning [C]//Proceedings of the 34th International Conference on Machine Learning. PMLR, 2017: 449 - 458.
[7] DABNEY W, ROWLAND M, BELLEMARE M G, et al. Distributional reinforcement learning with quantile regression[C]//Thirty - Second AAAI Conference on Artificial Intelligence. AAAI Press, 2018: 2892 - 2901.
[8] DABNEY W, OSTROVSKI G, SILVER D, et al. Implicit quantile networks for distributional reinforcement learning[C]//Proceedings of the 35th International Conference on Machine Learning. 2018: 1096 - 1105.
[9] YANG D, ZHAO L, LIN Z, et al. Fully parameterized quantile function for distributional reinforcement learning[C]//Advances in Neural Information Processing Systems 32. Curran Associates, Inc., 2019: 6193 - 6202.
[10] MNIH V, KAVUKCUOGLU K, SILVER D, et al. Human - level control through deep reinforcement learning[J]. Nature, 2015, 518(7540): 529 - 533.
[11] MA X, ZHANG Q, XIA L, et al. Distributional soft actor critic for risk sensitive learning[Z]. 2020.
[12] HUBER P J. Robust estimation of a location parameter[J]. The Annals of Mathematical Statistics, 1964: 73 - 101.
[13] SOBEL M J. The variance of discounted Markov decision processes[J]. Journal of Applied Probability, 1982, 19(4): 794 - 802.
[14] MORIMURA T, SUGIYAMA M, KASHIMA H, et al. Parametric return density estimation for reinforcement learning[C]//Twenty - Sixth Conference on Uncertainty in Artificial Intelligence. AUAI Press, 2010: 368 - 375.
[15] TAMAR A, DI CASTRO D, MANNOR S. Learning the variance of the reward - to - go[J]. The Journal of Machine Learning Research, 2016, 17(1): 361 - 396.
[16] HAZAN E, KAKADE S, SINGH K, et al. Provably efficient maximum entropy exploration [C]// Proceedings of the 36th International Conference on Machine Learning. PMLR, 2019: 2681 - 2691.
[17] LEE L, EYSENBACH B, PARISOTTO E, et al. Efficient exploration via state marginal matching[Z]. 2019.
[18] SINGH H, MISRA N, HNIZDO V, et al. Nearest neighbor estimates of entropy[J]. American Journal of Mathematical and Management Sciences, 2003, 23(3 - 4): 301 - 321.
[19] BEIRLANT J, DUDEWICZ E, GYÖRFI L, et al. Nonparametric entropy estimation. an overview[J]. International Journal of Mathematical and Statistical Sciences, 1997, 6(1): 17 - 39.
[20] KULLBACK S, LEIBLER R A. On information and sufficiency[J]. The Annals of Mathematical Statistics, 1951, 22(1): 79 - 86.

第二部分

安全风险规避

第 3 章 安全强化学习

在强化学习中，若单独设定奖励和安全信号，安全问题可以被自然地构建为约束条件，即策略产生的长期安全成本的期望会受到限制。然而，在不考虑分布的情况下仅对长期安全成本的期望施加约束，会存在较大的安全风险。特别是在安全敏感的实际问题中，进行最坏情况分析是避免灾难性后果的关键。本章介绍了一种新型的强化学习算法 Worst Case Soft Actor Critic（WCSAC），该算法在 SAC 算法的基础上增加了安全评估机制，以实现风险控制。具体而言，算法将长期累积安全成本分布的条件风险值（Conditional Value at Risk，CVaR）作为衡量约束是否得到满足的标准。该条件风险值可引导算法自适应地调整安全权重，从而在奖励和安全之间取得平衡。因此，WCSAC 算法能够在确保策略的最坏性能满足安全约束的前提下，对策略进行优化。实证分析表明，与仅基于期望值的方法相比，WCSAC 算法在风险控制方面表现更佳。

3.1 引言

在传统强化学习问题中，智能体可以通过探索环境来学习最优策略，而无须考虑安全问题[1]。然而，在许多安全敏感的实际问题中，例如机器人导航任务，与环境的不安全交互可能会导致系统崩溃等严重后果。尽管强化学习智能体可以在模拟器中进行训练，但在没有足够保真度模拟器的情况下，仍存在许多现实问题。针对安全敏感强化学习问题的算法设计十分复杂，因为必须在安全的前提下优化策略。总地来说，安全问题在强化学习中仍然没有得到有效解决，阻碍了强化学习的广泛应用[2]。

约束强化学习作为安全探索的主要形式[3]，其奖励函数和与安全相关的成本函数是分开的。这个模式可以避免设计单个奖励函数带来的问题，特别是需要策略安全与性能之间的权衡参数选择，其优劣评判只能通过大量的试验实现。此外，安全强化学习通常需要更加关注样本效率，过多的环境交互采样必然会带来更多的安全风险。因此，算法应当尽可能地减少学习安全最优策略所需的样本数量。异策略（Off - Policy）强化学习算法可以重用历史样本经验，以提高样本效率。在一定程度上，安全探索也可以从提升的样本效率中受益[4]。同策略（On - Policy）强化学习算法需要当前策略采集的样本来进行策略评估，样本效率通常较低。因此，从理论层面来说，Off - Policy 算法比 On - Policy 算法更适合解决安全强化学习问题[5-7]。

SAC 算法[8-9]是一种基于 Actor - Critic 框架的异策略强化学习算法，其通过将策略熵作为奖励的一部分来鼓励智能体探索。与经典的 On - Policy 和 Off - Policy 算法相比，SAC 算法表现出更好的样本效率和渐近性能。SAC - Lagrangian（SAC - Lag）算法将 SAC 算法与拉格朗日方法相结合，以解决具有局部约束的安全强化学习问题，其约束施加在每个离散时间步而不是整条轨迹[10]。然而，SAC - Lag 算法可直接拓展用于解决具有全局约束的安全强化学习问题，其约束施加在整条轨迹。试验分析表明，SAC - Lag 算法可在训练过程约束违反次数较少的情况下，最终学得满足约束的最优策略。然而，最终所得策略产生的个别轨迹安全成本可能会超过安全阈值。对于安全敏感问题，只限制长期累积安全成本的期望无法避免极端情况发生。理想的安全约束强化学习算法应当基于不同风险要求优化策略，以进行风险中性或风险规避的智能体行为决策[11-12]。

本章将介绍 WCSAC 算法，该算法使用单独的安全评估项来估计累积安全成本的分布，以实现风险控制。WCSAC 算法关注长期累积安全成本分布的上尾部，由条件风险值（CVaR）来表示特定风险要求下的策略安全水平[13]。通过这种方式，可以在不同的风险要求下优化策略，算法中的条件风险值 CVaR 从安全角度决定风险规避程度。此外，WCSAC 算法为安全性和策略熵赋予了可依据当前策略优劣自适应调整的权重。通过在不同风险等级下与传统安全强化学习算法对比分析，WCSAC 算法在面临具有更高安全要求的问题时具有更强的适应性。

3.2 风险规避问题定义

传统安全强化学习方法在长期累积安全成本期望保持在安全阈值 d 以下的前提下，最大化长期累积奖励。然而，策略的随机性和环境的动态性等因素致使长期累积安全成本形成一个分布而非固定值，不具备不确定性评估能力的强化学习方法无法预知潜在的安全风险。在传统强化学习范式下，如果一个安全策略具有较高累积奖励和较高累积安全成本方差，那么该策略优于另一个具有较低累积奖励和较低累积安全成本方差的安全策略。但是，在安全敏感的实际问题中，最优策略应当更稳健。即使面对重尾的安全成本分布，最优策略也应当具有较低的安全风险。

以上情况可通过如图3.1所示的简单约束强化学习问题示例进行说明。在每种状态下，智能体都可以选择移动或不移动。如果智能体选择移动（采取行动 m），将得到奖励1和成本1；否则奖励和成本都将为0。设定每条轨迹包含两个离散时间步，且每条轨迹的安全阈值 $d=1.8$。通过拉格朗日方法计算的最优策略为

$$\begin{cases}\pi(m \mid a)=0.9\\ \pi(n \mid a)=0.1\\ \pi(m \mid b)=0.9\\ \pi(n \mid b)=0.1\end{cases} \tag{3.1}$$

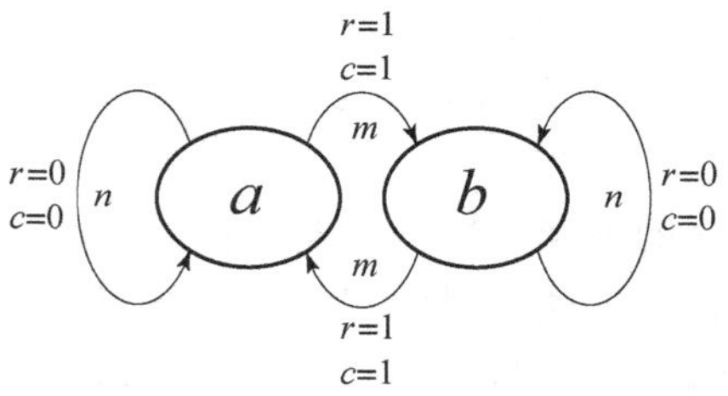

图3.1　约束强化学习问题示例

然而，策略产生的实际成本大于安全阈值的概率 $p=0.81$。最优策略虽然满足了约束条件，但对于解决安全敏感的实际问题存在较高的失败风险。

在图3.2中，x 轴表示式（2.2）中的长期累积安全成本 C，而 y 轴描述了其概率分布密度。基于长期累积安全成本期望的算法关注策略优化时的平均安全性能。因此，π、Q_π^c、$p^\pi(C \mid s,a)$ 的形状将在策略训练过程中改变，直到 Q_π^c 移动到安全阈值 d 的左侧。即使如此，从图3.2可以看出，策略产生的累积安全成本仍然很有可能违反安全约束。对于策略 π，Q_π^c 只能用来评估其平均安全性能。但是，在安全敏感的实际问题中，策略优化过程应当考虑在安全方面可能出现的极端情况。因此，WCSAC算法将安全评估标准由长期累积安全成本期望值替换为条件风险值CVaR[13]，通过分布的尾部分析来评估策略的安全性。在图3.2的右半部分中，算法可视CVaR为安全评估基准。因此，最终将优化出使分布的尾部 $p^\pi(C \mid s,a)$ 移动到安全阈值 d 左

侧的策略。

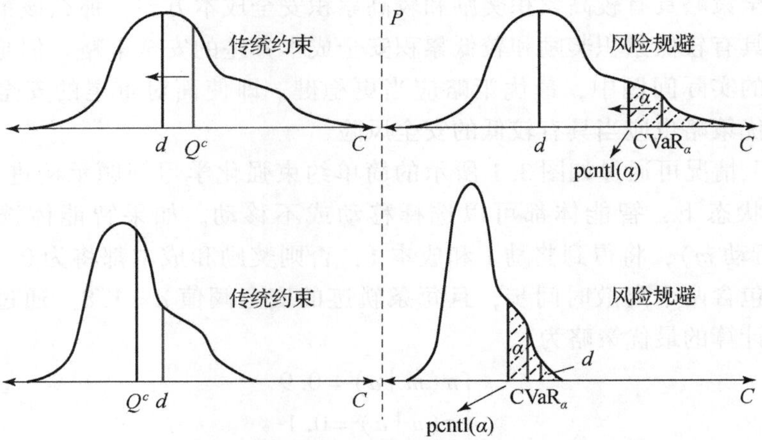

图 3.2　传统安全约束与风险规避安全约束

定义 3.2.1（风险等级）　WCSAC 算法的风险水平由正标量 $\alpha \in (0,1]$ 定义。当 $\alpha(\alpha \to 0)$ 的值较小时，WCSAC 算法的策略优化过程将更倾向于规避风险。相反，α 的值越大，风险规避行为越少，$\alpha=1$ 对应风险中性的情况。

考虑到环境和策略的不确定性，长期累积安全成本 $p^{\pi}(C)$ 为一个概率分布。因此，应当以比传统方法更风险规避的方式对安全约束强化学习问题进行建模。WCSAC 算法以长期累积安全成本分布的 α - percentile$F_C^{-1}(1-\alpha)$ 为安全基准，其中 F_C 是 $p^{\pi}(C \mid s,a)$ 的累积分布函数（CDF）。因此，可得条件风险值 CVaR：

$$\Gamma_{\pi}(s,a,\alpha) \doteq \text{CVaR}_{\pi}^{\alpha}(C) = \mathop{\mathbb{E}}_{p^{\pi}}\left[C \mid C \geqslant F_C^{-1}(1-\alpha) \right] \tag{3.2}$$

以下定义为安全强化学习问题提供了一个学习风险规避策略的新约束，其不同于式（2.1）所示的基于长期累积安全成本期望的约束。

定义 3.2.2（风险规避的安全策略）　给定风险水平 α，如果策略 π 满足

$$\Gamma_{\pi}(s_t,a_t,\alpha) \leqslant \bar{d} \quad \forall t$$

其中，$(s_t,a_t) \sim \mathcal{T}_{\pi}$ 且 $s_0 \sim \iota$，那么策略 π 是安全的。

至此，可以使用风险规避约束重新对安全强化学习问题进行定义，并对 2.2 节中的 SAC - Lag 算法框架进行泛化。在复杂的实际约束强化学习问题中，最优策略通常是概率性而非确定性策略，具有一定随机性。因此，使用 SAC - Lag 算法框架将最终策略的熵保持在一定水平是合理的。因此，可通

过以下模型对策略进行优化，即

$$\begin{aligned}&\max_{\pi} \quad \mathbb{E}[Z_{\pi}^{r}]\\&\text{s. t. } \mathrm{CVaR}_{\pi}^{\alpha}(C) \leqslant \bar{d}\\&\qquad \mathbb{E}_{(s_t,a_t)\sim\mathcal{T}_{\pi}}[-\log(\pi_t(a_t \mid s_t))] \geqslant h \quad \forall t\end{aligned} \tag{3.3}$$

3.3 WCSAC 强化学习算法

WCSAC 算法可以解决风险规避的约束强化学习问题（3.3）。WCSAC 算法是在 SAC – Lag 算法（2.2 节）的基础上拓展而来的，而 SAC – Lag 算法可被视为设置 $\alpha=1$ 的 WCSAC 算法，使得 $\Gamma_{\pi}(s,a,1)=Q_{\pi}^{c}(s,a)$。本节将阐述如何通过高斯近似进行值分布安全评估，然后介绍如何使用新的安全评估方式优化策略，并给出完整的 WCSAC 算法流程。

3.3.1 值分布安全评估

本节将介绍如何通过高斯近似进行值分布安全评估。以下内容将把该类型的 WCSAC 算法称为 WCSAC – GS。

3.3.1.1 高斯近似

WCSAC – GS 算法使用一个单独的高斯安全评估项（与奖励评估项并行）来近似 C 的分布，而不只是计算长期累积安全成本的点估计值。为了获得长期累积安全成本的分布 $p^{\pi}(C \mid s,a)$，需进行以下高斯近似，即

$$Z_{\pi}^{c}(s,a) \sim \mathcal{N}(Q_{\pi}^{c}(s,a), V_{\pi}^{c}(s,a)) \tag{3.4}$$

其中 $V_{\pi}^{c}(s,a)=\mathbb{E}_{p^{\pi}}[C^2 \mid s,a]-(Q_{\pi}^{c}(s,a))^2$ 是长期累积安全成本的方差。

通过高斯近似[14]，可直接计算条件风险值 CVaR。在每次策略梯度计算前，都可以对 $Q_{\pi}^{c}(s,a)$ 和 $V_{\pi}^{c}(s,a)$ 进行估计[15]。因此，风险等级 α 对应的条件风险值可通过以下公式计算：

$$\Gamma_{\pi}(s,a,\alpha) \doteq Q_{\pi}^{c}(s,a)+\alpha^{-1}\phi(\Phi^{-1}(\alpha))\sqrt{V_{\pi}^{c}(s,a)} \tag{3.5}$$

其中 $\phi(\cdot)$ 和 $\Phi(\cdot)$ 分别表示标准正态分布[14]的概率密度函数（PDF）和累积分布函数（CDF）。

WCSAC – GS 算法需要在策略优化的过程中不断地对长期累积安全成本分布 $p^{\pi}(C)$ 的均值和方差进行估计。对于 Q_{π}^{c} 的估计可直接参照经典深度强

化学习方法，依据标准贝尔曼（Bellman）方程

$$Q_{\pi}^{c}(s,a) = c(s,a) + \gamma \sum_{s' \in S} p(s' \mid s,a) \sum_{a' \in A} \pi(a' \mid s') Q_{\pi}^{c}(s',a') \quad (3.6)$$

估计 $V_{\pi}^{c}(s,a)$ 的映射方程为

$$\begin{aligned} V_{\pi}^{c}(s,a) &= c(s,a)^2 - Q_{\pi}^{c}(s,a)^2 \\ &+ 2\gamma c(s,a) \sum_{s' \in S} p(s' \mid s,a) \sum_{a' \in A} \pi(a' \mid s') Q_{\pi}^{c}(s',a') \\ &+ \gamma^2 \sum_{s' \in S} p(s' \mid s,a) \sum_{a' \in A} \pi(a' \mid s') V_{\pi}^{c}(s',a') \\ &+ \gamma^2 \sum_{s' \in S} p(s' \mid s,a) \sum_{a' \in A} \pi(a' \mid s') Q_{\pi}^{c}(s',a')^2 \end{aligned} \quad (3.7)$$

请读者参考文献［15］以获取式（3.7）的具体推导过程。

3.3.1.2 网络参数更新

WCSAC－GS 分别使用两个由 θ_C^{μ} 和 θ_C^{σ} 参数化的神经网络来表示高斯分布的均值和方差，即

$$\begin{cases} Q_{\theta_C^{\mu}}^{c}(s,a) \to \hat{Q}_{\pi}^{c}(s,a) \\ V_{\theta_C^{\sigma}}^{c}(s,a) \to \hat{V}_{\pi}^{c}(s,a) \end{cases} \quad (3.8)$$

为得到安全评估项，高斯分布之间的差异由 2－Wasserstein 距离来衡量[16-17]，即

$$W_2(u,v) \doteq \left(\int_0^1 | F_u^{-1}(x) - F_v^{-1}(x) |^2 \mathrm{d}x \right)^{1/2} \quad (3.9)$$

其中 $u \sim \mathcal{N}(Q_1, V_1)$，$v \sim \mathcal{N}(Q_2, V_2)$。WCSAC－GS 通过简化的 2－Wasserstein 距离来构建安全评估项的损失函数[15]，即

$$W_2(u,v) = \| Q_1 - Q_2 \|_2^2 + \mathrm{trace}(V_1 + V_2 - 2(V_2^{1/2} V_1 V_2^{1/2})^{1/2}) \quad (3.10)$$

依据 2－Wasserstein 距离可以通过投影方程式（3.6）和式（3.7）计算时序误差（Temporal Difference，TD），以更新值分布安全评估项，即 WCSAC－GS 算法将最小化以下损失函数：

$$\begin{cases} J_C^{\mu}(\theta_C^{\mu}) = \mathop{\mathbb{E}}_{(s_t,a_t) \sim \mathcal{D}} \| \Delta Q(s_t, a_t, \theta_C^{\mu}) \|_2^2 \\ J_C^{\sigma}(\theta_C^{\sigma}) = \mathop{\mathbb{E}}_{(s_t,a_t) \sim \mathcal{D}} \mathrm{trace}(\Delta V(s_t, a_t, \theta_C^{\sigma})) \end{cases} \quad (3.11)$$

其中 $J_C^{\mu}(\theta_C^{\mu})$ 是 $Q_{\theta_C^{\mu}}^{c}$ 的损失函数，$J_C^{\sigma}(\theta_C^{\sigma})$ 是 $V_{\theta_C^{\sigma}}^{c}$ 的损失函数。因此，可得以下结果：

$$\Delta Q(s_t, a_t, \theta_C^{\mu}) = \bar{Q}_{\theta_C^{\mu}}^{c}(s_t, a_t) - Q_{\theta_C^{\mu}}^{c}(s_t, a_t) \quad (3.12)$$

其中 $\bar{Q}_{\theta_C^{\mu}}^{c}(s_t, a_t)$ 是由式（3.6）计算得到的 TD 目标，而且

$$\Delta V(s_t,a_t,\theta_C^\sigma)=\bar{V}_{\theta_C^\sigma}^c(s_t,a_t)+V_{\theta_C^\sigma}^c(s_t,a_t)$$
$$-2\left(V_{\theta_C^\sigma}^c(s_t,a_t)^{1/2}\bar{V}_{\theta_C^\sigma}^c(s_t,a_t)V_{\theta_C^\sigma}^c(s_t,a_t)^{1/2}\right)^{1/2} \quad (3.13)$$

其中 $\bar{V}_{\theta_C^\sigma}^c(s_t,a_t)$是由式（3.7）计算得到的 TD 目标。

3.3.2 策略更新

根据定义 3.3.2，对于给定的风险等级 α，算法将优化策略 π 直到其满足约束

$$\Gamma_\pi(s_t,a_t,\alpha)\leqslant\bar{d} \quad \forall t \quad (3.14)$$

基于安全目标与任务目标之间的平衡，策略的梯度计算可依据以下策略评估：

$$X_{\alpha,\omega}^\pi(s,a)=Q_\pi^r(s,a)-\omega\Gamma_\pi(s,a,\alpha) \quad (3.15)$$

以上评估中安全权重在训练过程中会发生变化，但可以保证策略逐步改进[8]。随着策略变得更安全，安全在策略更新中的影响会逐渐减弱，而任务目标将在策略更新中发挥更大的作用。

为了在实践中更高效地优化策略，算法通常会通过策略集 Π 将策略寻优空间限制在一定的范围之内。例如，可以将策略限定为高斯分布。为了满足 $\pi\in\Pi$ 的约束，需要将更新的策略映射到指定的策略集中。从理论角度来说，可以选择任何映射方式。但事实证明，使用根据 KL 散度[18-19]定义的信息映射更加简便。与 SAC[19]算法的流程类似，对于每个状态 s_t，可最小化以下 KL 散度以更新策略：

$$\min_{\pi\in\Pi}D_{KL}\left(\pi(\cdot\mid s_t)\,\middle\|\,\frac{\exp\left(\frac{1}{\beta}(Q_\pi^r(s_t,\cdot)-\omega\Gamma_\pi(s_t,\cdot,\alpha))\right)}{\Lambda^\pi(s_t)}\right)$$
$$=\min_{\pi\in\Pi}D_{KL}\left(\pi(\cdot\mid s_t)\,\|\,\exp\left(\frac{1}{\beta}X_{\alpha,\omega}^\pi(s_t,\cdot)-\log(\Lambda^\pi(s_t))\right)\right) \quad (3.16)$$

其中 $\Lambda^\pi(s_t)$是用于归一化分布的配分函数；β 和 ω 分别是自适应熵权重和安全权重。为了构建策略损失函数，可首先从历史经验集 $\mathcal{D}$ 中进行采样，并计算给定状态下单个动作的采样概率，通过所有样本计算的平均值来近似 KL 散度，从而得到

$$\mathop{\mathbb{E}}_{\substack{s_t\sim\mathcal{D}\\a_t\sim\pi(\cdot\mid s_t)}}\left[-\log\left(\frac{\pi(a_t\mid s_t)}{\exp\left(\frac{1}{\beta}X_{\alpha,\omega}^\pi(s_t,a_t)-\log(\Lambda^\pi(s_t))\right)}\right)\right]$$

$$= \mathop{\mathbb{E}}_{\substack{s_t \sim \mathcal{D} \\ a_t \sim \pi(\cdot \mid s_t)}} \left[\log\pi(a_t \mid s_t) - \frac{1}{\beta} X^{\pi}_{\alpha,\omega}(s_t, a_t) + \log(\Lambda^{\pi}(s_t)) \right] \tag{3.17}$$

$\Lambda^{\pi}(s_t)$对参数θ的更新没有影响，因此可以省略。由此，策略损失函数为

$$J_{\pi}(\theta_{\pi}) = \mathop{\mathbb{E}}_{\substack{s_t \sim \mathcal{D} \\ a_t \sim \pi(\cdot \mid s_t)}} [\beta\log\pi(a_t \mid s_t) - Q^{r}_{\pi}(s_t, a_t) + \omega\Gamma_{\pi}(s_t, a_t, \alpha)] \tag{3.18}$$

上述策略损失函数与式（2.9）的主要区别在于，WCSAC 算法将长期累积安全成本的期望 Q^{c}_{π} 替换为了条件风险值 CVaR。

WCSAC 算法以与 SAC 算法相同的方式更新奖励评估项 Q^{r} 和熵权重β。在更新奖励评估项（包括策略熵对应的奖励）的过程中，WCSAC 算法会最小化以下损失函数：

$$\begin{aligned} J_R(\theta_R) = \mathop{\mathbb{E}}_{(s_t,a_t) \sim \mathcal{D}} \Big[\frac{1}{2} (Q^{r}_{\theta_R}(s_t, a_t) - (r(s_t, a_t) \\ + \gamma(Q^{r}_{\theta_R}(s_{t+1}, a_{t+1}) - \beta\log(\pi(a_{t+1} \mid s_{t+1}))))))^2 \Big] \end{aligned} \tag{3.19}$$

其中 Q^{r} 由 θ_R 参数化，且 $a_{t+1} \sim \pi(\cdot \mid s_{t+1})$。基于新的安全度量，安全权重$\omega$可以通过最小化以下损失函数来学习，即

$$J_s(\theta_{\omega}) = \mathop{\mathbb{E}}_{\substack{s \sim \mathcal{D} \\ a \sim \pi}} [\omega(\bar{d} - \Gamma_{\pi}(s, a, \alpha))] \tag{3.20}$$

因此，如果 $\bar{d} \geqslant \Gamma_{\pi}(s, a, \alpha)$，那么$\omega$将减小；否则，$\omega$将增加以在策略更新中更加重视安全。SAC - Lag 算法与 WCSAC 算法在优化安全权重方面的主要区别在于，WCSAC 算法对于条件风险值 CVaR 的使用。需要注意的是，在式（3.20）中，WCSAC 算法从历史经验集$\mathcal{D}$中进行采样，而式（2.2）表明该约束施加于初始状态分布。这种替代方法在使用折扣因子的情况下，或者环境交互轨迹较长的情况下是有效的。此时，每个历史采样状态都可被视为安全成本计算的初始状态。虽然历史经验集中的状态 - 动作分布最初可能会与实时策略有偏差，但随着训练过程的推进，这种偏差会变小。

3.3.3 完整算法

算法 1 总体介绍了 WCSAC 算法流程。在每个离散时间步与环境交互的过程中，智能体执行从当前策略采样的动作，然后环境进入下一状态。经验将被存储在历史经验集中（第 3 ~ 6 行）。在进行梯度计算时，WCSAC 算法使用从历史经验集中采样得到的样本来更新所有的参数（第 7 ~ 17 行）。

算法 1　WCSAC－GS 算法

Require：Hyperparameters α, d, h, η

Initialize：$\theta_\pi, \theta_R, \theta_C, \theta_\beta, \theta_\omega, \langle \bar{\theta}_R, \bar{\theta}_C \rangle \leftarrow \langle \theta_R, \theta_C \rangle, \mathcal{D} \leftarrow \varnothing$
for each iteration **do**
　for each environment step **do**
　　$a_t \sim \pi(a_t \mid s_t), s_{t+1} \sim \mathcal{P}(s_{t+1} \mid s_t, a_t)$
　　$\mathcal{D} \leftarrow \mathcal{D} \cup \{(s_t, a_t, r(s_t, a_t), c(s_t, a_t), s_{t+1})\}$
　end for
　for each gradient step **do**
　　从重放缓冲区 $\mathcal{D}$ 抽取样本
　　$\theta_R \leftarrow \theta_R - \lambda_R \hat{\nabla}_{\theta_R} J_R(\theta_R)$ {奖励评估项(3.19)}
　　$\theta_C \leftarrow \theta_C - \lambda_C \hat{\nabla}_{\theta_C} J_C(\theta_C)$ {安全评估项(3.11)}
　　计算 $\Gamma_{\pi\theta}$ {条件风险值估计 (3.5)}
　　$\theta_\pi \leftarrow \theta_\pi - \lambda_\pi \hat{\nabla}_{\theta\pi} J_\pi(\theta_\pi)$ {策略更新(3.18)}
　　$\theta_\beta \leftarrow \theta_\beta - \lambda_\beta \hat{\nabla}_{\theta_\beta} J_e(\theta_\beta)$ {策略熵权重(2.11)}
　　$\theta_\omega \leftarrow \theta_\omega - \lambda_\omega \hat{\nabla}_{\theta_\omega} J_s(\theta_\omega)$ {安全权重(3.20)}
　　$\bar{\theta}_R \leftarrow \eta\theta_R + (1-\eta)\bar{\theta}_R$
　　$\bar{\theta}_C \leftarrow \eta\theta_C + (1-\eta)\bar{\theta}_C$
　end for
end for

Output：Optimized parameters $\theta_\pi, \theta_R, \theta_C, \theta_\beta, \theta_\omega$

在标准的最大熵强化学习中，策略熵应尽可能大。在安全强化学习问题中，尽管在学习的早期阶段促进探索至关重要，但是相对确定的策略安全风险更小。在 SAC 算法中，策略的熵受到约束，以确保最终优化得到的策略更加稳健[9]。因此，在安全强化学习问题中，应当为策略熵设置相对较低的下限 $\mathcal{H}_0$，或完全忽略此约束。

当更新奖励评估项时，为避免过估计并减少策略更新过程中的偏差，WCSAC 算法会独立学习两个分别由 θ_{R1} 和 θ_{R2} 参数化的 Soft Q 函数。在每次梯度计算中，使用较小的 Soft Q 函数。对于安全评估项，WCSAC 算法使用两个独立的神经网络分别估计长期累积安全成本的均值和方差函数。WCSAC 算法也可以使用一个网络同时估计平均值和方差，但需引入结构更加复杂的神经网络。单独使用两个较小网络并不会大幅度增加计算量，并且使得 WCSAC 算法结构更加清晰。并且，比较 WCSAC 的分布式安全评估项和 SAC – Lag 的常规安全评估项会变得更容易，后者可视为 WCSAC 算法的变体。WCSAC 算法还使用了四个目标网络来实现稳定更新，这种方式在 DQN[4] 和 DDPG[20] 的算法实践中十分常见。具体而言，目标网络（包括安全评估项和奖励评估项）的参数通过移动平均（第 15、16 行）进行更新，其中超参数 $\eta \in [0,1]$ 用于减少波动。

3.4　实证分析

本章将基于 Safety Gym[3] 环境对 WCSAC 算法进行测试。在这些环境中（参见图 3.3），一个质点机器人在 2D 地图中进行路径规划以到达目标位置，同时试图避开危险区域。该机器人具备两个维度的动作空间，其中一个维度的动作决定了机器人转弯的幅度，另一个维度的动作决定了机器人向前/向后移动的幅度。在 StaticEnv（图 3.3）环境中，机器人在每一步中会获得 $r-0.2$ 的奖励，其中 r 是 Safety Gym 的原始奖励信号（向目标方向移动的奖励加上进入目标范围的一次性奖励），偏移 -0.2 将激励智能体以最小的时间步数到达目标范围。DynamicEnv 则保持 Safety Gym 的原始奖励信号。在这两种环境中，智能体的初始状态在每条轨迹结束后会随机初始化。目标和危险区域的位置在 DynamicEnv 的每条轨迹结束后会随机生成，但在 StaticEnv 中是固定的。在每个离散时间步中，如果机器人进入危险区域，则会产生安全成本 $c=1$，否则 $c=0$。本节试验中，智能体将在 4 个 CPU 并行的情况下进行训练，并使用折扣系数 $\gamma=0.99$。

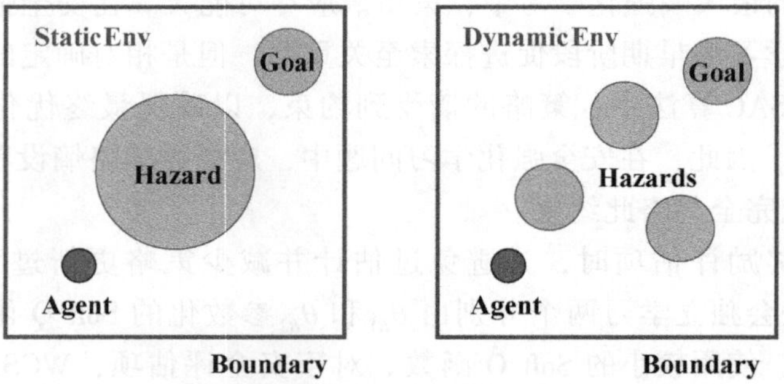

图 3.3　机器人导航环境

本节试验将安全阈值设置为 $\bar{d}=15$，但在 SAC – Lag 算法和 WCSAC 算法中需要进行反向折扣阈值计算。在所有的试验中，智能体都将训练 100 轮

(epoch)的训练，其中每轮的长度为30000离散时间步，而每条轨迹的最大长度为1000离散时间步。此外，所有试验都将在3个不同的随机种子下进行。本节试验将对SAC、CPO、SAC－Lag、WCSAC等算法进行对比。WCSAC算法将在不同风险水平下进行试验，即WCSAC－0.1($\alpha=0.1$)、WCSAC－0.5($\alpha=0.5$)、WCSAC－0.9($\alpha=0.9$)。在下面的试验结果中，显示的累积奖励和安全成本均为折扣前结果。

在策略训练期间，算法评估将使用以下指标：

- 平均每条轨迹的累积奖励（AverageEpRet）
- 平均每条轨迹的累积安全成本（AverageEpCost）
- 安全成本率（CostRate）

其中，通过将训练期间累积安全成本总和除以总环境交互的步数，可计算出安全成本率。图3.4对比了主要算法训练期间的性能。可以观察到，所有算法都能在训练结束时找到能够达到目标的策略（图3.4（a）），但收敛速度不同。与安全算法SAC－Lag、CPO、WCSAC相比，非安全算法SAC在长期累积奖励方面表现更佳，但不满足安全约束条件。在安全方面，图3.4（b）和图3.4（c）表明除CPO外的所有安全算法都最终收敛于满足安全约束的策略，WCSAC－0.9算法性能接近SAC－Lag算法。此外，WCSAC－0.1($\alpha=0.1$)算法在训练期间产生的总安全成本较少。

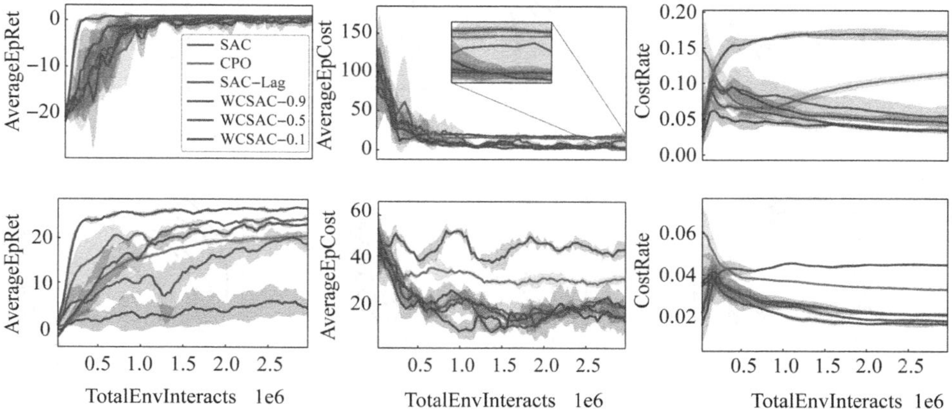

(a) 每局平均收益　(b) 每局平均成本　(c) 成本比例

图3.4　主要算法性能对比分析

本节试验在StaticEnv环境中进行了轨迹分析，如图3.5所示。试验结果展示了SAC－Lag算法在不同训练阶段所得策略产生的轨迹。在学习开始时（图3.5（a）），智能体可能无法脱离危险区域，并在到达目标区域之前被困住。在图3.5（d）中，随机策略产生的轨迹是高度混乱的。SAC－Lag算法、CPO算法、WCSAC－0.9算法的最终策略轨迹几乎能避开危险区域，但仍有部分轨迹存在一定的安全风险（图3.5（c）、图3.5（f）、图3.5（g））。如图3.5（h）所示，WCSAC－0.5算法的最终策略可以更加有效地规避风险。SAC算法的最终策略轨迹如图3.5（e）所示，由于未考虑安全约束，智能体选择了直接到达目标的最短路径。在图3.5（i）中，由于风险等级设置，可以看到来自WCSAC－0.1算法的最终策略轨迹倾向于远离危险区域。

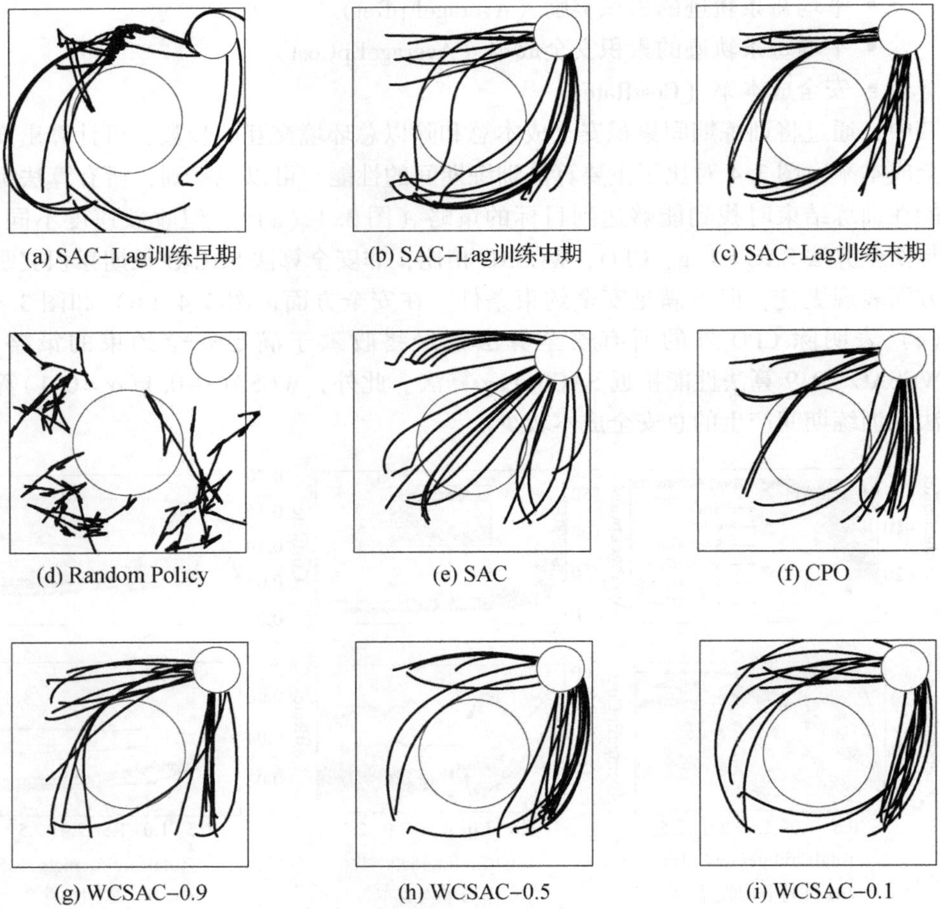

(a) SAC–Lag训练早期　(b) SAC–Lag训练中期　(c) SAC–Lag训练末期

(d) Random Policy　(e) SAC　(f) CPO

(g) WCSAC–0.9　(h) WCSAC–0.5　(i) WCSAC–0.1

图3.5　轨迹分析

训练完成后，对各算法的最终策略各进行了300次运行测试（3个随机种子各100次）。表3.1中的结果表明，不同风险等级下的WCSAC算法运行得到的最终策略，均满足其相应的CVaR阈值约束（由最差的300α条轨迹的平均安全成本进行估计），并且只有 WCSAC－0.1 算法的最终策略满足 $CVaR_{0.1}<15$。在图 3.6 中，将 WCSAC 算法与 SAC 算法和 SAC－Lag 算法进行了比较。箱线图 3.6（a）展示了各算法运行结果数据的［1，99］百分位。为了使安全阈值 d 更清晰，试验结果图中设置了 y 轴视界限制，因此 SAC－Lag 算法的数据无法完整地展示。由于不考虑安全约束，SAC 算法学得的最优策略安全表现较差。SAC－Lag 算法学得的最优策略可以确保大多数轨迹是安全的，但存在一定的产生不安全轨迹的概率，这在安全敏感的实际问题中是不可行的。对于安全成本超出阈值的比例，WCSAC－0.9 算法的平均性能与 SAC－Lag 算法相似。但箱线图显示，WCSAC－0.9 算法学得策略产生不安全轨迹的可能性要小得多。与 SAC－Lag 算法和 WCSAC－0.9 算法相比，风险等级设置较低的 WCSAC 算法在安全方面表现更稳定。尽管 WCSAC－0.1 算法和 WCSAC－0.5 算法的策略仍会产生一些不安全的轨迹，但可能性非常小。

表 3.1 StaticEnv 环境中的智能体在多个指标下的性能

	EC	C0.9	C0.5	C0.1	ER
SAC	21.7	24.1	42.8	56.5	0.97
SAC－Lag	**14.3**	15.9	28.6	141.8	0.27
WCSAC－0.9	4.2	**4.6**	8.4	31.4	0.56
WCSAC－0.5	1.8	2.0	**3.6**	17.9	0.19
WCSAC－0.1	1.4	1.6	2.9	**14.3**	－0.43
CPO	**16.3**	18.1	32.5	58.3	0.84
Random Policy	49.1	54.5	98.1	431.6	－20.10

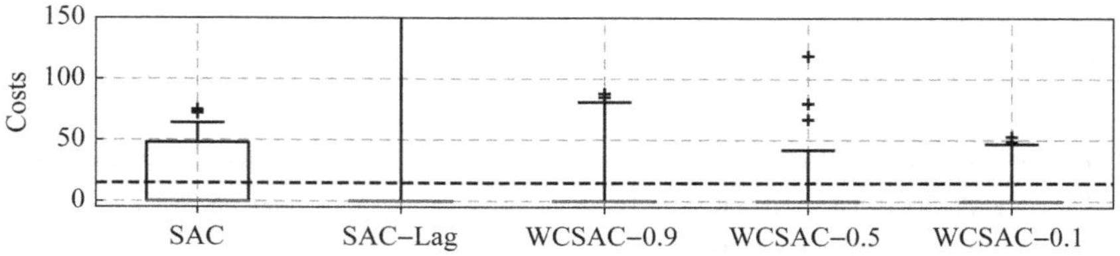

(a) 训练后安全评估箱线图

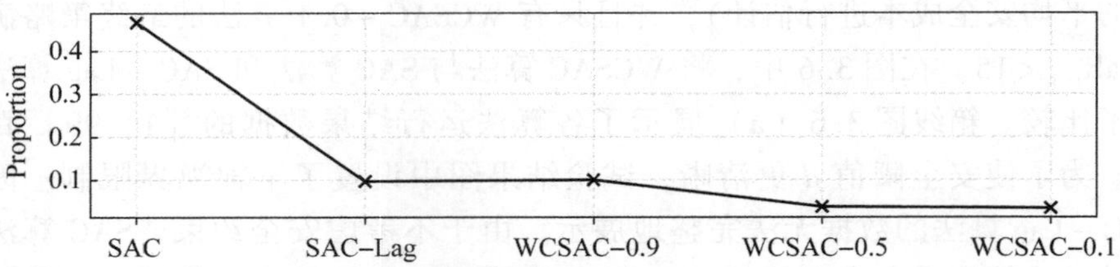

(b) 安全限制超出比例

图 3.6　各算法学得策略对比分析

3.5　结论

本章介绍了解决安全约束强化学习问题的 WCSAC 算法。该算法用一个独立的分布式安全评估项（与奖励评估项并行）对 SAC 算法进行了拓展，以使算法在面对具有更高安全要求的强化学习问题时更具适应性。实证分析表明，智能体在不同风险水平下具有不同的安全性能。当 $\alpha \ll 1$ 时，WCSAC 算法可以在安全强化学习问题中获得更加风险规避的安全策略。因此，WCSAC 算法对于安全强化学习的发展具有重要意义。然而，未来依然可以进一步探索以不同的方式对安全不确定性进行评估。本章重点关注强化学习中的安全问题，但也可以采取类似的分布近似方法对长期奖励的不确定性进行评估，进而优化策略的学习过程。在这种情况下，算法设计可重点考虑值分布奖励评估项和安全评估项之间的权衡问题。

3.6　参考文献

[1] SUTTON R S, BARTO A G. Reinforcement learning: An introduction[M]. Cambridge, Massachusetts: MIT Press, 2018.

[2] GARCíA J, FERNáNDEZ F. A comprehensive survey on safe reinforcement learning[J]. The Journal of Machine Learning Research, 2015, 16(1): 1437 - 1480.

[3] RAY A, ACHIAM J, AMODEI D. Benchmarking safe exploration in deep reinforcement learning[Z]. 2019.

[4] MNIH V, KAVUKCUOGLU K, SILVER D, et al. Human - level control through deep reinforcement learning[J]. Nature, 2015, 518(7540): 529 - 533.

[5] SCHULMAN J, LEVINE S, ABBEEL P, et al. Trust region policy optimization[C]//Proceedings of the 32nd International Conference on Machine Learning. JMLR, 2015: 1889 - 1897.

[6] SCHULMAN J, WOLSKI F, DHARIWAL P, et al. Proximal policy optimization algorithms[Z]. 2017.

[7]ACHIAM J, HELD D, TAMAR A, et al. Constrained policy optimization[C]//Proceedings of the 34th International Conference on Machine Learning. PMLR, 2017: 22 - 31.

[8]HAARNOJA T, ZHOU A, ABBEEL P, et al. Soft actor - critic: Off - policy maximum entropy deep reinforcement learning with a stochastic actor[C]//Proceedings of the 35th International Conference on Machine Learning. PMLR,2018: 1861 - 1870.

[9]HAARNOJA T, ZHOU A, HARTIKAINEN K, et al. Soft actor - critic algorithms and applications[Z]. 2018.

[10]HA S, XU P, TAN Z, et al. Learning to walk in the real world with minimal human effort[Z]. 2020.

[11]DUAN J, GUAN Y, LI S E, et al. Distributional soft actor - critic: Off - policy reinforcement learning for addressing value estimation errors[Z]. 2020.

[12]MA X, ZHANG Q, XIA L, et al. Distributional soft actor critic for risk sensitive learning[Z]. 2020.

[13]ROCKAFELLAR R T, URYASEV S. Optimization of conditional value - atrisk[J]. Journal of Risk, 2000, 2(3): 21 -41.

[14]KHOKHLOV V. Conditional value - at - risk for elliptical distributions[J]. Evropský. Časopis Ekonomiky a Managementu, 2016, 2(6): 70 - 79.

[15] TANG Y C, ZHANG J, SALAKHUTDINOV R. Worst cases policy gradients [C]//3rd Annual Conference on Robot Learning. PMLR, 2020: 1078 - 1093.

[16]BELLEMARE M G, DABNEY W, MUNOS R. A distributional perspective on reinforcement learning [C]//Proceedings of the 34th International Conference on Machine Learning. PMLR, 2017: 449 -458.

[17]OLKIN I, PUKELSHEIM F. The distance between two random vectors with given dispersion matrices[J]. Linear Algebra and its Applications, 1982, 48:257 - 263.

[18]DABNEY W, ROWLAND M, BELLEMARE M G, et al. Distributional reinforcement learning with quantile regression[C]//Thirty - Second AAAI Conference on Artificial Intelligence. AAAI Press, 2018: 2892 -2901.

[19]KULLBACK S, LEIBLER R A. On information and sufficiency [J]. The Annals of Mathematical Statistics, 1951, 22(1): 79 -86.

[20]LILLICRAP T, HUNT J, PRITZEL A, et al. Continuous control with deep reinforcement learning[C]// 4th International Conference on Learning Representations. ICLR, 2015: 1 - 10.

第4章
安全风险控制

本章介绍了一种改进的 WCSAC 算法，称为 WCSAC－IQN 算法，它使用隐式分位数网络来近似累积安全成本的分布。第 3 章介绍了风险规避约束强化学习的一个新准则，以实现安全关键问题中的风险控制，并为风险规避约束强化学习设计了一种 Off－Policy 算法，即 WCSAC。与基于期望的方法相比，具有高斯安全评估的 WCSAC－GS 算法可以实现更好的风险控制。然而，不同轨迹的总安全成本分布在很大程度上仍有待探索。高斯近似法在很多情况下可能是粗糙的，特别是当成本分布是重尾分布时。使用成本分布的准确估计，特别是分布的上尾部，能够大大提高风险规避智能体的性能。试验分析表明，WCSAC－IQN 算法在复杂的安全约束环境中实现了良好的风险控制。

4.1 引言

延续第 3 章的内容，本章依然以风险规避的约束马尔可夫决策过程建模安全强化学习问题[1]，其中安全约束满足判定将基于长期累积安全成本的条件风险值 CVaR[2]。在第 3 章，WCSAC－GS 算法使用高斯近似法估计长期累积安全成本的分布。高斯近似法在目标分布大致符合高斯分布时是合理的，而且计算复杂度相对较低。但在某些情况下，高斯近似法可能会低估条件风险值 CVaR，无法有效降低决策风险。因此，还需要更精确的安全成本分布，以确保即使在极端情况下也能满足安全约束。

在控制平流层气球等实际应用中[3]，值分布强化学习方法[4-5]与非值分布方法相比，优势十分明显。但在安全约束强化学习中，如何引入值分布方法来规避安全风险仍需深入研究。在无约束的传统强化学习范式下，值分布方法已经用于长期累积奖励的风险控制，以避免最终学得策略概率性出现的极端情况[6]。在异策略强化学习中，隐式分位数网络（IQN）[5]可用于估计长期累积奖励的完整分布，而非其期望值，以获得更加稳健的最优策略[7]。因此，可使用 IQN 计算值分布安全评估项，以对长期累积安全成本分布进行更精确的估计，如图 4.1 的右图所示。

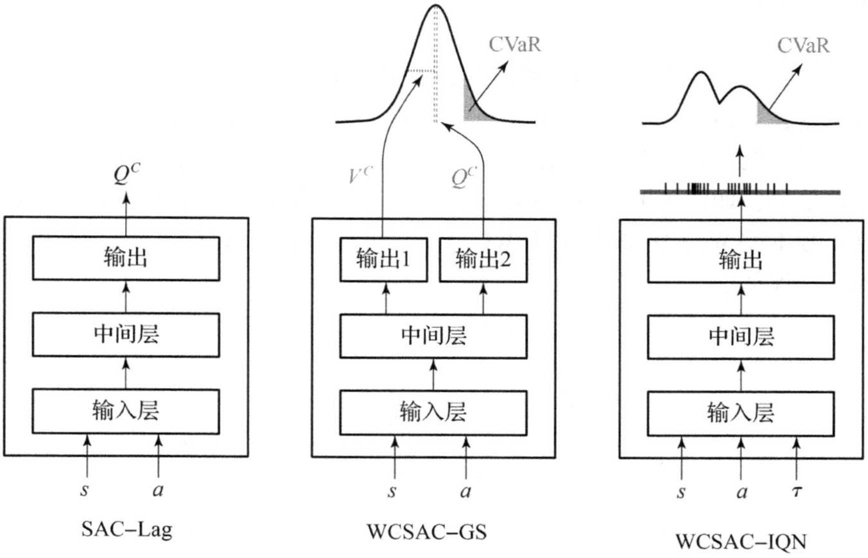

图 4.1　各算法安全评估项示意图

IQN 等分位数回归法最初是基于 DQN 算法设计的，适用于具有离散动作空间的强化学习问题。WCSAC – IQN 算法将 IQN 扩展到具有连续动作空间的安全强化学习问题中，并解决了 WCSAC – GS 算法分布近似误差过大的问题。这一改进使得 WCSAC 可以作为安全约束强化学习的通用框架。因此，本书在第 3 章和第 4 章共使用了两种方法来近似安全成本分布，以展示 WCSAC 算法框架的通用性。为了验证 WCSAC – IQN 算法的有效性，本章设计了两个示例环境：Spy Unimodal（近似高斯）和 Spy Bimodal（非高斯），其中 WCSAC – IQN 算法在非高斯情况下具有显著优势。当在复杂环境中对各种安全强化学习算法进行比较时，WCSAC – IQN 算法具有更出色的性能。经过有限的训练后，只有 WCSAC – IQN 算法在最复杂的问题中获得了满足约束的安全策略。

4.2　分位数回归安全成本分布

尽管 WCSAC - GS 算法通过高斯近似利用分布信息来获得更风险规避的策略，但与常规的约束强化学习方法相比，仅估计了额外的方差。这意味着对于所收集的样本经验信息利用十分有限。因此，高斯近似不具备值分布强化学习算法的一般优点。

此外，在如图 4.2 所示的情况下，通过高斯近似累积安全成本的分布并不合适，这会导致分布尾部的条件风险值被严重低估。此时，根据式（3.3），算法最终可能会收敛到不安全的策略。本章将介绍一个由 IQN 建模的值分布安全评估项，如图 4.1 所示，其可以对分布上尾部进行更精确地估计。本章中将这个版本的 WCSAC 算法称为 WCSAC - IQN 算法，其以隐式分位数网络 IQN 作为安全评估项。

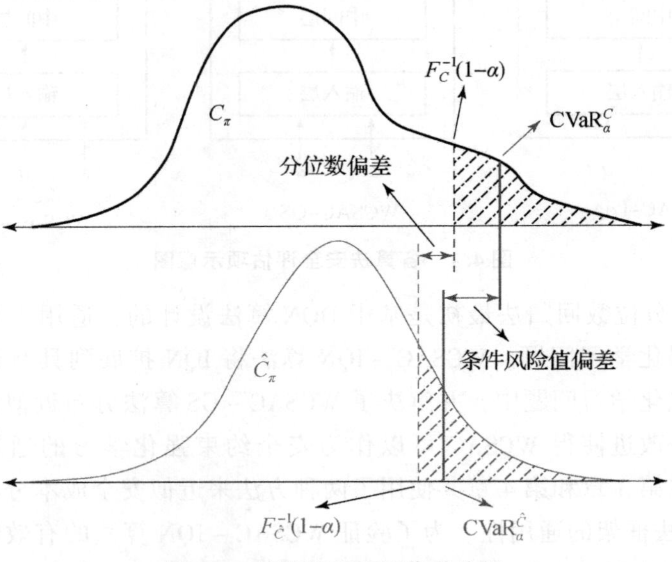

图 4.2　高斯近似不可靠性分析

4.2.1　基于 IQN 的安全评估

本节将介绍如何使用隐式分位数网络（Implicit Quantile Network，IQN）对累积安全成本的分布（Safety - IQN）进行建模，并将其视为 WCSAC 算法的安全评估项。Safety - IQN 可将从均匀分布（通常为 $\tau \sim U([0,1])$）采样的分位数映射到安全成本分布的分位值上。理论上，通过调整神经网络的结构和大小，IQN 可以以任意精度拟合累积安全成本的分布，这点对于安全强化学习算法来说至关重要。

累积安全成本 C 的分位数函数为 $F_C^{-1}(\tau)$，为了清晰，定义 $C^\tau = F_C^{-1}(\tau)$。本章使用 θ_C 参数化 Safety - IQN，近似可通过以下方式来实现，即

$$\hat{C}^\tau(s,a) \leftarrow f_{\mathrm{IQN}}(s,a,\tau \mid \theta_C) \tag{4.1}$$

其中，分位数 τ 成为模型输入的一部分，以使用神经网络来拟合整个连续分布。当训练 f_{IQN} 时，在离散时间步 t 使用两个分位数样本 $\tau,\tau' \sim U([0,1])$ 来获得采样的时间差分 TD 误差：

$$\varrho_t^{\tau,\tau'} = c_t + \gamma C^{\tau'}(s_{t+1},a_{t+1}) - C^\tau(s_t,a_t) \tag{4.2}$$

根据式（2.13），可以得到 safety - IQN 的损失函数，即

$$J_C(\theta_C) = \mathop{\mathbb{E}}_{(s_t,a_t,c_t,s_{t+1}) \sim \mathcal{D}} \mathcal{J}_C(s_t,a_t,c_t,s_{t+1} \mid \theta_C) \tag{4.3}$$

其中

$$\begin{aligned}
&\mathcal{J}_C(s_t,a_t,c_t,s_{t+1} \mid \theta_C) \\
&\underset{(a)}{=} \sum_{i=1}^{N} \mathop{\mathbb{E}}_{\mathcal{B}^\pi C}\left[\mathcal{J}_{\tau_i}^{\kappa}(\mathcal{B}^\pi C(s_t,a_t) - C^{\tau_i}(s_t,a_t))\right] \\
&\underset{(b)}{=} \sum_{i=1}^{N} \mathop{\mathbb{E}}_{C}\left[\mathcal{J}_{\tau_i}^{\kappa}(c_t + \gamma C(s_{t+1},a_{t+1}) - C^{\tau_i}(s_t,a_t))\right] \\
&\underset{(c)}{\doteq} \frac{1}{N'} \sum_{i=1}^{N} \sum_{j=1}^{N'} \mathcal{J}_{\tau_i}^{\kappa}(c_t + \gamma C^{\tau_j'}(s_{t+1},a_{t+1}) - C^{\tau_i}(s_t,a_t)) \\
&\underset{(d)}{=} \frac{1}{N'} \sum_{i=1}^{N} \sum_{j=1}^{N'} \mathcal{J}_{\tau_i}^{\kappa}(\varrho_t^{\tau_i,\tau_j'})
\end{aligned} \tag{4.4}$$

在式（4.4）中：（a）表示一次计算所有目标分位数 τ_i，$i=1,2,\cdots,N$ 的总损失，并应用了分布式贝尔曼算子 $\mathcal{B}$[4]；（b）展开贝尔曼运算符，并从当前策略采样下一个状态下应当采取的行动 $a_{t+1} \sim \pi(\cdot \mid s_{t+1})$；（c）引入 τ_j 来估计时间差分 TD 目标；（d）应用了式（4.2）完成推导。对于分位值的估计，如常规 IQN 方法一样[5]，分位数损失被 Huber 损失代替，以便于实际训练过程的执行。然而，这可能导致累积安全成本分布的偏差，尤其是当较 κ 值较大的情况下。文献［8］提出的插补方法可以减少这种偏差。研究风险规避强化学习的偏差程度和校正效果仍然强化学习领域未来需要研究的重点方向[8]。

4.2.2　基于样本均值的 CVaR 安全度量

当采用分位数回归的方法来近似累积安全成本的分布时，可基于分位数

τ 对应的分位值期望来近似条件风险值 CVaR，即

$$\Gamma_{\pi}(s,a,\alpha) \doteq \underset{\tau \sim U([1-\alpha,1])}{\mathbb{E}} [C_{\pi}^{\tau}(s,a)] \tag{4.5}$$

因此，可在每次策略梯度计算前使用 K 个独立采样的 $\tilde{\tau} \sim U([1-\alpha,1])$ 来估计 $\Gamma_{\pi}(s,a,\alpha)$，即

$$\Gamma_{\pi}(s,a,\alpha) \doteq \frac{1}{K}\sum_{k=1}^{K} C_{\pi}^{\tilde{\tau}_k}(s,a) \tag{4.6}$$

WCSAC－GS 算法通过高斯近似可直接计算出条件风险值 CVaR，而 WCSAC－IQN 算法则需要使用采样方法估计 CVaR。分位数回归法可以更高的精度获得分布的近似。虽然 WCSAC－IQN 算法关注的是分布尾部，但分位数回归法仍然需要估计完整的分布。具体而言，需要从 $U([0,1])$ 中采样 τ，τ' 以计算安全评估项对应的损失函数。WCSAC－IQN 算法仅在估计 CVaR 以计算拉格朗日安全损失 J_s 时使用式（4.6）。

图 4.3 展示了算法的总体结构，以及安全相关要素、奖励相关要素、策略相关要素之间的关系。箭头描述了方法中所有模块之间的关系，即箭头开端连接的元素直接影响其结尾连接的元素。从图中可以看出，安全项和奖励项仅通过策略相互影响。

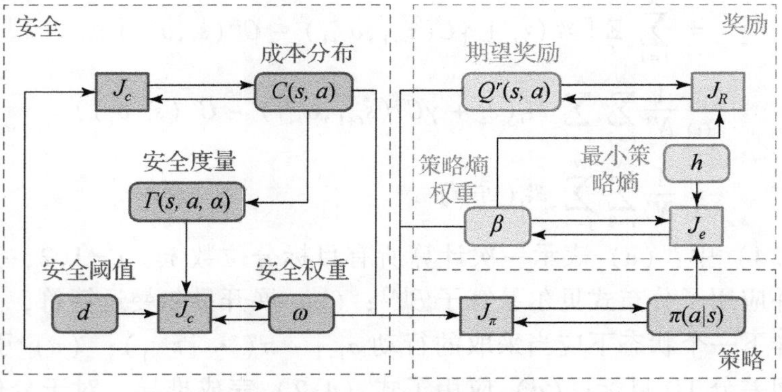

图 4.3 WCSAC 系列算法结构

4.2.3 完整算法

完整的 WCSAC－IQN 如算法 2 所示。其中，第 1 行列出了算法的输入和所有的初始化对象。在特定的安全风险要求 α 下，输入 $\langle d,h \rangle$ 作为约束。在 WCSAC－IQN 算法中，还需要超参数 $\langle N,N' \rangle$ 来更新 Safety－IQN，以及 K 来计算 Γ_{π}。在智能体与环境交互的过程中（第 3～6 行），算法对当前策略会采取的动作进行采样，以获得历史经验集 $\mathcal{D}$ 中的样本。这些经验将被用

于每次梯度下降计算（第 7 ~ 18 行），以更新所有参数。

算法 2　WCSAC - IQN 算法

Require：Hyperparameters α,d,h,η,N,N',K

1：**Initialize**：$\theta_\pi,\theta_R,\theta_C,\theta_\beta,\theta_\omega,\langle\bar{\theta}_R,\bar{\theta}_C\rangle\leftarrow\langle\theta_R,\theta_C\rangle,\mathcal{D}\leftarrow\varnothing$

2：**for** each iteration **do**

3：　**for** each environment step **do**

4：　　$a_t\sim\pi(a_t\mid s_t),s_{t+1}\sim\mathcal{P}(s_{t+1}\mid s_t,a_t)$

5：$\mathcal{D}\leftarrow\mathcal{D}\cup\{(s_t,a_t,r(s_t,a_t),c(s_t,a_t),s_{t+1})\}$

6：　**end for**

7：　**for** each gradient step **do**

8：　　从重放缓冲区 $\mathcal{D}$ 抽取样本

9：　　采样 $\tau_i\sim U([0,1]),\tau'_j\sim U([0,1])$，$\tilde{\tau}_k\sim U([\alpha,1])$

10：　　$\theta_R\leftarrow\theta_R-\lambda_R\hat{\nabla}_{\theta_R}J_R(\theta_R)$ {奖励评估项(3.19)}

11：　　$\theta_C\leftarrow\theta_C-\lambda_C\hat{\nabla}_{\theta_C}J_C(\theta_C)$ {安全评估项(4.3)}

12：　　计算 $\Gamma_{\pi\theta}$ {条件风险值估计（4.6)}

13：　　$\theta_\pi\leftarrow\theta_\pi-\lambda_\pi\hat{\nabla}_{\theta\pi}J_\pi(\theta_\pi)$ {策略更新(3.18)}

14：　　$\theta_\beta\leftarrow\theta_\beta-\lambda_\beta\hat{\nabla}_{\theta_\beta}J_e(\theta_\beta)$ {策略熵权重(2.11)}

15：　　$\theta_\omega\leftarrow\theta_\omega-\lambda_\omega\hat{\nabla}_{\theta_\omega}J_s(\theta_\omega)$ {安全权重(3.20)}

16：　　$\bar{\theta}_R\leftarrow\eta\theta_R+(1-\eta)\bar{\theta}_R$

17：　　$\bar{\theta}_C\leftarrow\eta\theta_C+(1-\eta)\bar{\theta}_C$

18：　**end for**

19：**end for**

Output：Optimized parameters $\theta_\pi,\theta_R,\theta_C,\theta_\beta,\theta_\omega$

WCSAC - IQN 算法安全评估项的神经网络结构可直接借鉴 IQN 的网络结构[5]，即 DQN 类网络，其分位数 τ 属于附加嵌入。为最小化损失函数（J_R、J_C、J_π、J_β 和 J_ω）选择学习速率（λ_R、λ_C、λ_π、λ_β 和 λ_ω）时，算法通常设置 λ_ω 大于其他学习率，以强化安全约束的作用。相对较低的安全权重学习率收敛速度通常无法满足实际安全需求，不能实质提高策略学习过程中的安全性，而实际学习率还需要根据具体环境进行设置。通常，λ_ω 与其他学习率（λ_R、λ_C、λ_π 和 λ_β）之间的差异在复杂的安全强化学习环境中会更明显。

4.3 实证分析

本节针对不同难度的任务，即两个 SpyGame 环境和 Safety Gym 基准环境[9]，评估 WCSAC – GS 和 WCSAC – IQN 的算法效能。本节有三个目标：①检验 WCSAC – IQN 算法可以在具有高斯安全成本分布的环境中实现良好风险控制的假设；②检验 WCSAC – IQN 算法在具备了对分布的更适当的估计之后，可以在非高斯分布的环境中找到安全策略的假设；③评估所提出方法在高度复杂环境中的性能。

4.3.1 SpyGame 环境

为了测试两种 WCSAC 算法是否能够在具有高斯安全成本的环境中学会安全行为，以及 WCSAC – IQN 算法是否确实在具有非高斯成本分布的环境中具有更好的性能，本章引入两种 SpyGame 环境：Spy – Unimodal 和 Spy – Bimodal。对于任何策略，Spy – Unimodal 都会导致单峰成本分布（近似高斯），而 Spy – Bimodal 的成本是双峰的（非高斯）。SpyGame 是一个简单的示例模型，旨在产生单峰（近似高斯）和双峰成本分布。对于这个模型，本章考虑一个训练间谍执行秘密任务的智能体。在每次任务中，间谍都会获得随机数量的有用信息（奖励），并留下一些痕迹（成本）。如果在任务中留下太多间谍身份的线索，间谍很可能被发现。为了控制被发现风险，对累积成本实施了安全约束。对于每个任务，间谍都可以选择低风险、低奖励或高风险、高奖励的动作，这些动作由 $a \in [0,1]$ 参数化。对于 a 的选择，随机奖励和成本从以下统一分布中获取（图 4.4）：

$$r(a) \sim U(-0.25 + a, 0.75 + a + 0.5a^2) \tag{4.7}$$

$$c(a) \sim U(0.5a, 1.5a) \tag{4.8}$$

游戏的两个变体是在 SpyEnv 环境中实现的，根据其成本分布的形状分别命名为 Spy – Unimodal 和 Spy – Bimodal。

Spy – Unimodal：每个间谍执行 100 次任务，直到退休。其目的是在成本限制（预期或 CVaR）的情况下，最大化预期奖励。累积成本是大量独立随机变量的线性和，因此它们近似正态分布。

Spy – Bimodal：在这种变体中，如果间谍没有获得足够有用的信息，它们将面临提前退休的危险。5 次任务后，会评估停止标准，除非每次任务的平均奖励超过 0.15，否则会终止游戏。这会导致相当一部分间谍提前退休，这反映

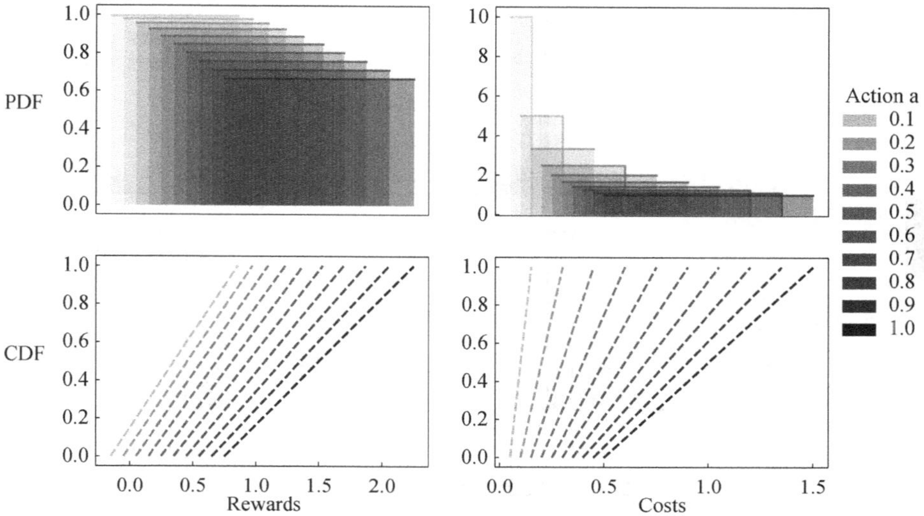

图 4.4　不同行动下奖励和成本函数的 PDF 和 CDF

在双峰成本分布中。本节试验为 Spy - Unimodal 设置了安全阈值 $d=25$，为 Spy - Bimodal 设置 $d=15$。本节试验使用具有风险中性和风险规避约束（成本 CVaR - α）的 WCSAC - GS 算法和 WCSAC - IQN 算法来解决间谍游戏的两个变体。每种算法都使用小型神经网络（2 层 16 个单元），并以 30000 步长进行训练。训练结束后，将每个最终策略运行 10000 次，以评估算法的安全成本。

4.3.1.1　成本分布评估

图 4.5 对比了两种算法在 SpyGame 环境中面对风险中性（$\alpha=1$）和风险规避（$\alpha=0.1$）约束时的表现差异，并给出了完整的安全成本分布。通过完整掌握分布信息，可以评估所得策略违反安全约束的频率。图 4.5 的试验结果还给出了施加约束的安全阈值，以验证每个智能体何时可以达到指定的安全要求。

在图 4.5（risk - neutral）的第一行，可以看出两种WCSAC 算法在两种环境中的预期安全成本都大致满足了约束，并且具体数值非常接近。因此，在风险中性的情况下，WCSAC - GS 算法和 WCSAC - IQN 算法具有相似性能，并独立于其底层分布。

在图 4.5（risk - averse）的第二行，可以看出在 Spy - Unimodal 环境（近似高斯）下，两种 WCSAC 算法产生的安全成本 CVaR - 0.1 都低于阈值。另外，WCSAC - IQN 算法的相应指标更接近安全阈值，显示出其对安全成本

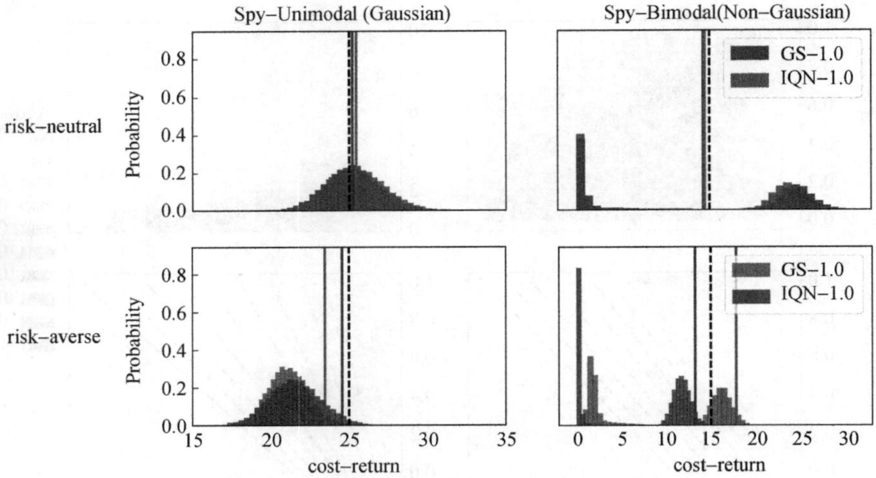

图 4.5 安全成本分布可视化分析

CVaR－0.1 更精确的控制。在 Spy－Bimodal（非高斯）上，WCSAC－GS 算法无法满足相应安全约束，CVaR－0.1 的数值要比安全阈值更大。这表明在实际成本分布非高斯的情况下，WCSAC－GS 算法很难实现有效的风险控制。

总体而言，通过图 4.5 第一行和第二行图的对比，两种 WCSAC 算法都可以通过将风险水平 α 设置为较小的值来实现更有效的风险规避，从而显著降低轨迹违反安全约束的概率。

4.3.1.2 不同风险等级的安全约束

为更好了解算法何时违反安全约束，本节考虑在相同的环境设置不同风险等级的约束。在图 4.6 中，x 轴是智能体行为策略训练的风险等级 α。y 轴是智能体最终行为策略生成的相应安全成本 CVaR－α（图 4.6 第一行）和预期回报（图 4.6 第二行），以及 5 次重复试验的标准偏差。

图 4.6 第二行显示，在更加风险规避的设定下（较低 α 值），WCSAC－GS 算法和 WCSAC－IQN 算法获得的长期累积奖励（预期收益）都偏低。一般而言，不同风险水平下的成本 CVaR－α 和预期收益的变化呈现出相同的趋势，即成本 CVaR－α 越大，该风险水平 α 下的预期收益越大。

当累积安全成本呈单峰分布时（图 4.6 第一列），WCSAC 算法在不同的风险水平 α 下都能满足安全约束。但是，当安全约束更严苛时，两种 WCSAC 算法得到的累积安全成本具有更大的方差，并且相应的成本 CVaR－α 和安全阈值 d 之间的差值会变得更大。与 WCSAC－IQN 算法相比，WCSAC－GS 算法在较低 α 设定的情况下整体表现更为保守。

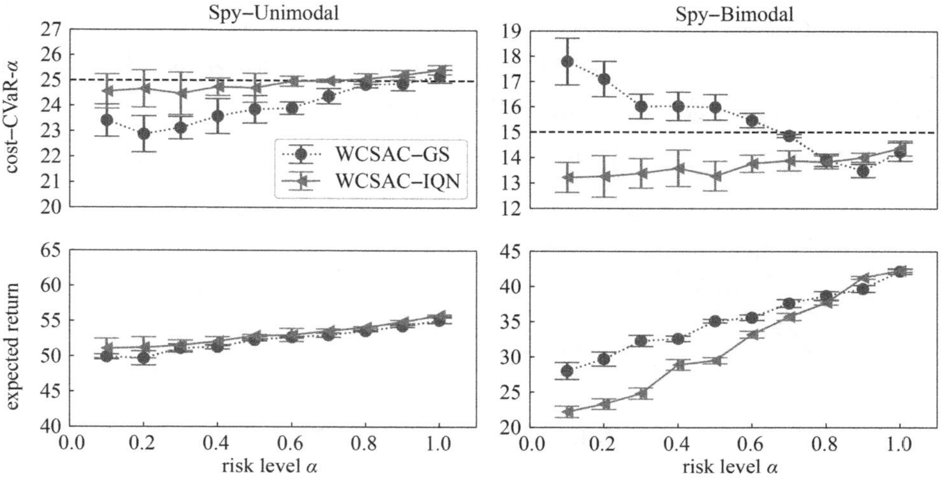

图 4.6 WCSAC 系列算法在不同风险等级下的约束满足情况

当累积安全成本呈双峰分布时（图 4.6 第二列），WCSAC - GS（高斯近似）算法可能低估条件风险值 CVaR，这与图 4.5 中的结果基本一致。在这种情况下，WCSAC - IQN 算法学得的策略在所有风险等级下都是安全的。在更接近风险中性约束的情况下（$\alpha \in [0.7, 1.0]$），WCSAC - GS 算法可以获得满足安全约束的策略。然而，在更加风险规避的设定下（较低 α 值），WCSAC - GS算法学得的策略无法满足安全约束。

无论是单峰还是双峰情况，在 α 更高（风险中性）的情况下，两种 WCSAC 算法相应的成本 CVaR - α 都更接近安全阈值。但在 α 较低的情况下，相应的成本 CVaR - α 和安全阈值 d 之间的差值会变得更大，这种现象在双峰情况下更加明显。即使使用 WCSAC - IQN 算法，当降低 α 时，智能体行为策略也会变得更加保守。根据 Théate 等[10]工作中的试验结果，分位数回归法在更高阶矩的情况下，可能会导致比一阶矩更大的近似误差。

4.3.2 Safety Gym 环境

接下来，本章将基于 Safety Gym[9] 中的三个基准环境评估 WCSAC 算法。在这些环境中，机器人进行轨迹规划以到达目标位置，同时需要避开不同复杂度的危险区域（图 4.7）。第一个环境是具有一个固定危险区域和一个固定目标的 StaticEnv，但 Point 机器人的初始位置在每条轨迹采样开始前随机生成。第二个环境是 PointGoal（Safety Gym 中的 Safexp - PointGoal1 - v0），其中有一个 Point 机器人、多个危险区域和一个障碍物。第三个环境是 CarButton（Safety Gym 中的 Safexp - CarButton1 - v0），其中有一个 Car 机器人（具有比 Point 更高维度的动作空间）进行轨迹规划以按下目标按钮，同时需要避开危险区域、移动的障碍物和错误的按钮。

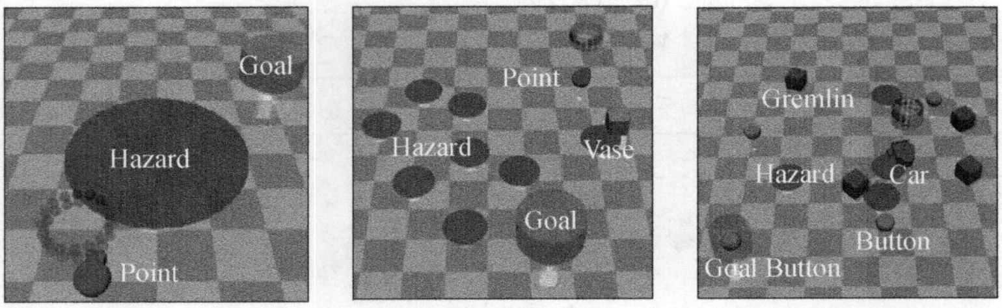

(a) StaticEnv (b) PointGoal (c) CarButton

图 4.7 机器人轨迹规划环境

由于观测空间的原因，这些任务特别复杂。智能体不能观测到各空间实体的具体位置，而是通过激光雷达来感知这些实体的方向和距离。本节的所有试验都将在不同的随机种子下运行 10 次。在所有环境中，如果发生不安全的环境交互，则 $c=1$，否则 $c=0$。另外，本节的试验使用 Safety Gym 中的原始奖励信号，即向目标移动的绝对距离加上完成任务的一次性奖励。

本节试验将评估 WCSAC 算法的四个版本：GS - 1.0（WCSAC - GS，$\alpha=1.0$）、GS - 0.5（WCSAC - GS，$\alpha=0.5$）、IQN - 1.0（WCSAC - IQN，$\alpha=1.0$）和 IQN - 0.5（WCSAC - IQN，$\alpha=0.5$）。另外，采用 SAC 算法[11]、CPO 算法[12]和 PPO - Lag 算法[9,13]作为基线对比算法。本节试验使用折扣因子 $\gamma=0.99$，并设置 WCSAC - IQN 算法中 Huber 损失函数的 $\kappa=1$。StaticEnv 环境的安全阈值设置为 $d=8$，PointGoal 和 CarButton 环境的安全阈值为 $d=25$。在 StaticEnv 环境中，每个智能体训练 50 轮；在更复杂的PointGoal 和 CarButton 环境中，训练长度将达到 150 轮。每轮长度为 30000 离散时间步，而每条轨迹最长为 1000 离散时间步。

本节算法评估的主要指标包含：长期累积安全成本的条件风险值 CVaR - 0.5（cost - CVaR - 0.5）、长期累积安全成本的期望（AverageEpRet）和长期累积奖励的期望（AverageEpRet）。表 4.1 展示了算法优化后策略的主要性能。对于每个环境下每种算法，本节使用 1000 条轨迹（每个随机种子得到的策略各运行 100 次）来评估其最终策略；AverageEpRet 和 AverageEpRet 取所有运行结果的平均值，而 cost - CVaR -

0.5 取最差 500 次运行结果的平均值。图 4.8 绘制了 PointGoal 和 CarButton 中最终轨迹安全成本的 PDF 和 CDF 直方图，以可视化分布。最后，图 4.9 展示了各算法在策略优化期间的具体表现。

表 4.1　训练后策略性能评估

Env	StaticEnv（$d=8$）			PointGoal（$d=25$）			CarButton（$d=25$）		
	ER	EC	C0.5	ER	EC	C0.5	ER	EC	C0.5
SAC	0.87	18.53	19.11	28.85	62.77	71.59	21.36	201.06	247.13
CPO	−0.63	**9.25**	14.71	21.48	**42.99**	50.39	3.62	**80.16**	116.31
PPO − Lag	−0.76	**6.31**	8.93	17.81	**24.47**	30.11	0.45	**26.18**	35.09
GS − 1.0	0.75	**8.04**	13.42	23.08	**40.39**	61.19	11.45	**65.03**	80.86
IQN − 1.0	0.46	**7.83**	9.61	15.46	**23.41**	28.74	1.40	**24.02**	32.34
GS − 0.5	0.66	6.16	**7.30**	19.50	37.23	**38.29**	7.06	58.51	**62.97**
IQN − 0.5	0.40	5.10	**7.18**	9.23	20.80	**22.60**	0.64	15.95	**20.13**

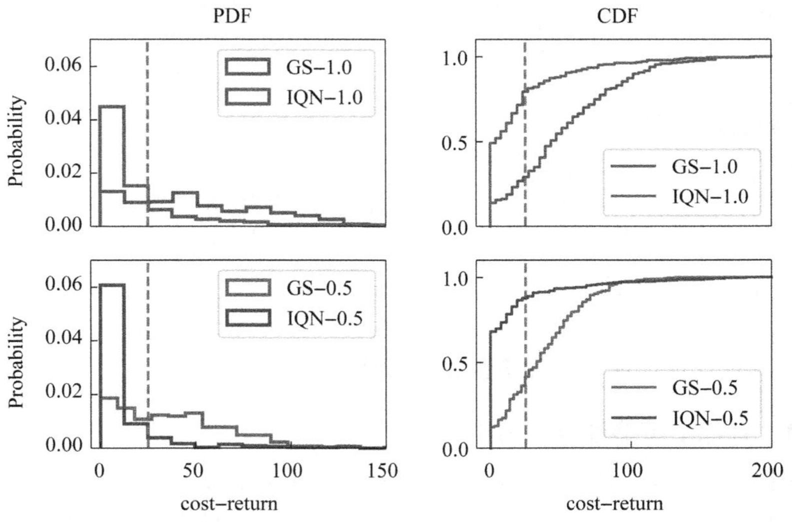

(a) PointGoal

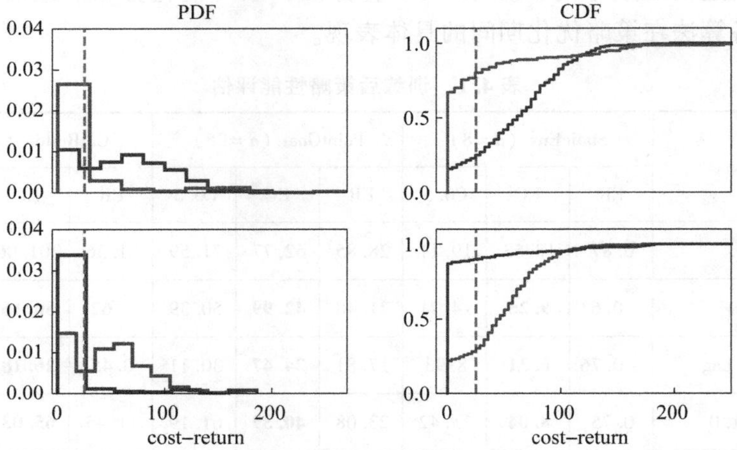

(b) CarButton

图 4.8　长期累积安全成本的分布

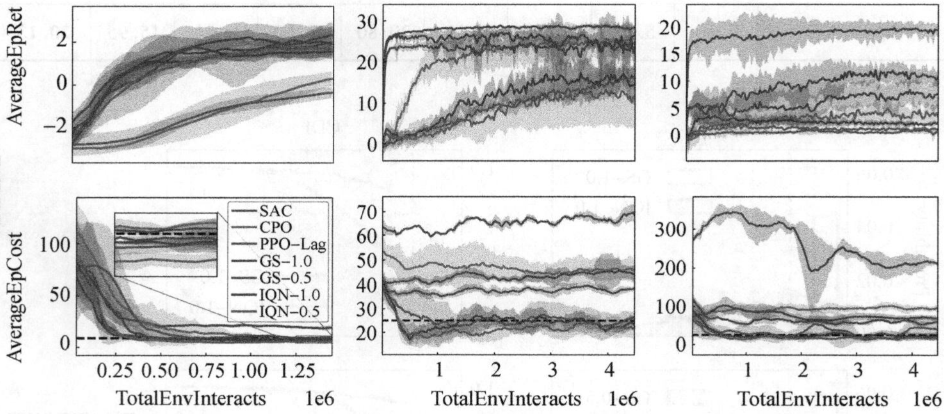

(a) StaticEnv　　(b) PointGoal　　(c) CarButton

图 4.9　主要算法性能对比分析

4.3.2.1　训练后策略性能评估

本节对训练后策略性能评估结果进行分析。表 4.1 显示，只有 IQN - 1.0 算法和 IQN - 0.5 算法在所有环境中的最终结果是满足安全约束的。另外，只有 IQN - 0.5 算法的最终结果满足安全成本 CVaR - 0.5 算法对应的安全约束，证明其适用于风险规避的情况。PPO - Lag 算法在所有环境中有相对较好的安全性，但在 StaticEnv 和CarButton 中未能实现长期累积奖励的有效提升。与安全强化学习算法（CPO、PPO－Lag 和 WCSAC）相比，SAC 算法可获取更高的长期累积奖励，但其不满足安全约束，这表明智能体必须在安全目标和任务目标之间找到折衷。尽管 CPO 算法、GS－1.0（SAC－Lag）算法和 GS－0.5 算法的最终策略也获得了较高的长期累积奖励，但这些算法在 PointGoal 和 CarButton 环境中并不安全。

图 4.8 显示，PointGoal 和 CarButton 环境中的安全成本分布不是高斯分布，这证明了在这些更复杂的环境中使用 WCSAC－IQN 算法（分位数回归）是更加合理的。与 GS－1.0 算法、GS－0.5 算法和 IQN－1.0 算法相比，IQN－0.5 算法的安全成本分布更加集中，而且大部分在安全范围内。尽管 GS－0.5 算法的策略仍会产生一些不安全的轨迹，但可能性较小。

4.3.2.2　训练过程中策略性能评估

图 4.9 展示了智能体训练过程中策略性能评估。第一行展示的是训练过程中的长期累积奖励，而第二行展示的是训练过程中的长期累积安全成本。图 4.9 显示，所有安全强化学习方法都可以提升策略安全性，而传统强化学习方法 SAC 在所有环境中都可以得到较高的长期累积奖励，但无法满足安全约束。

在 StaticEnv 环境（图 4.9（a））中，所有安全强化学习算法得到的结果都向最优策略收敛。然而，与异策略（Off－Policy）的 WCSAC 算法相比，同策略（On－Policy）的基线算法 CPO 和 PPO－Lag 样本效率更低。另外，CPO 算法和 GS－1.0 算法在训练结束时累积成本略高于安全阈值，而 PPO－Lag 算法、GS－0.5 算法和 IQN－1.0 算法最终是满足安全约束的。IQN－0.5 算法则在 StaticEnv 环境中实现了较低的累积成本，但不会牺牲太多的累积奖励。在 PointGoal 环境（图 4.9（b））中，只有 PPO－Lag 算法和 WCSAC－IQN 算法能够找到满足约束的策略。WCSAC－GS 算法和 CPO 算法无法实现较高的累积奖励，也无法满足安全约束。最后，在最复杂的 CarButton 环境（图 4.9（c））中，成本约束严重限制了各算法找到高回报策略的能力。PPO－Lag 算法、IQN－1.0 算法和 IQN－0.5 算法最终找到了安全策略，但无法显著提高策略的累积奖励；GS－1.0 算法和 GS－0.5 算法最终也找到了安全策略，但同样无法获得较高的累积奖励；CPO 算法在累积奖励方面实现了一定的提升，但无法满足安全约束。

关于 CPO 算法在 PointGoal 和 CarButton 环境中的不安全表现，本书推测大概率是由于 CPO 算法中的近似误差可能会使其无法完全满足这些环境的约束条件，并且这些环境比 CPO 算法的原始测试环境更加复杂。PPO－Lag 算法具有较好的安全性，但与异策略（Off－Policy）的基线算法相比收敛较慢。这种现象在相对简单的 StaticEnv 环境中更加明显。在相对复杂的 PointGoal 和 CarButton 环境中（图 4.9（b）和图 4.9（c）），WCSAC－GS 算法的累积奖励和成本会过早地稳定在某个值附近，而不是持续提升，直到满足约束条件。然而，在图 4.10 中，GS－1.0 算法和 GS－0.5 算法的安全权重会很快收敛到一个极小值。这种情况说明，算法错误地将策略视为是安全的，意味着算法得到了一个收敛的且低于安全阈值的安全评估项（CVaR 或期望值），但策略的安全性没有得到准确的反映。然后，算法将停止在安全方面优化。与高斯近似法相比，IQN－1.0 算法和 IQN－0.5 算法的安全权重在训练开始时发生了剧烈变化（图 4.10（b）和图 4.10（c）），但图 4.9 显示这两种方法最终收敛到了安全策略。本书推测，这其中的原因可能在于 WCSAC－IQN 算法受益于分位数回归法，增强了算法探索能力并避免了过拟合，这也可以解释为什么值分布强化学习可以收敛到比传统强化学习更好的策略[5]。

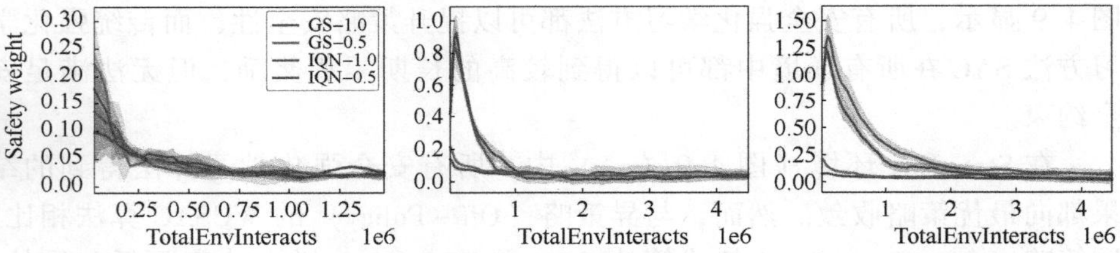

(a) StaticEnv　(b) PointGoal　(c) CarButton

图 4.10　WCSAC 算法安全权重变化规律

4.3.2.3　轨迹可视化分析

本节将在 StaticEnv 环境中进行轨迹可视化分析。具体而言，本节的对比试验将包括 SAC 算法、CPO 算法、PPO－Lag 算法和 WCSAC 算法的不同版本，即 $\alpha=0.1$（高度风险规避）、$\alpha=0.5$（风险规避）、$\alpha=0.9$（近似风险中性）和 $\alpha=1.0$（风险中性）。本节将对这些算法所得最终策略进行轨迹可视化分析，如图 4.11 所示。

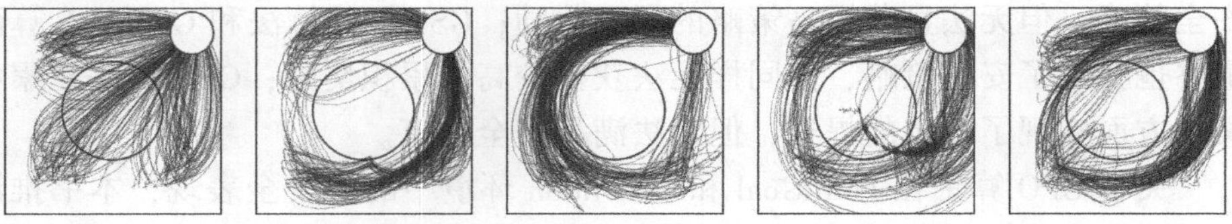

(a) SAC　(b) CPO　(c) PPO–Lag　(d) GS–1.0†　(e) GS–1.0‡

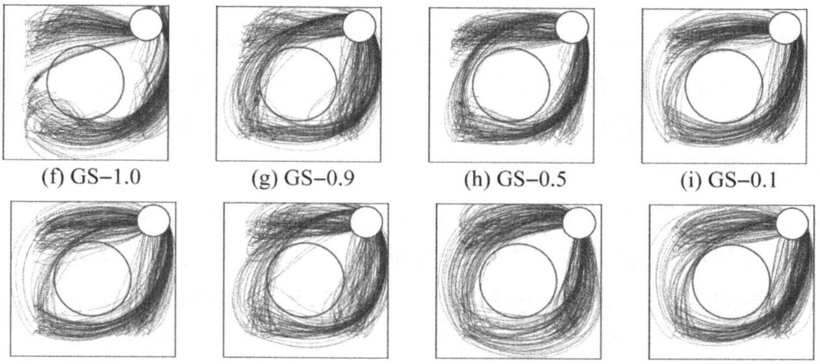

(f) GS–1.0　(g) GS–0.9　(h) GS–0.5　(i) GS–0.1

(j) IQN–1.0　(k) IQN–0.9　(l) IQN–0.5　(m) IQN–0.1

图 4.11　轨迹可视化分析

SAC 算法对应的智能体行为如图 4.11（a）所示，由于未考虑安全约束，智能体会选择最短路径直接到达目标区域。本节试验还考虑了 GS – 1.0 算法在不同训练阶段所得策略的导航轨迹①。在学习开始时（图 4.11（d）），智能体无法脱离危险区域，并在到达目标区域之前被卡住。随着时间的推移，进入危险区域的轨迹数量逐渐减少（图 4.11（e）和图 4.11（f））。CPO 算法、PPOLag 算法、GS – 1.0 算法、GS – 0.9 算法、IQN – 1.0 算法和 IQN – 0.9 算法的最终策略表现比刚开始训练时更好，但仍倾向于在安全阈值内冒险以获得更高的累积奖励（图 4.11（b）、图 4.11（f）、图 4.11（g）、图 4.11（j）、图 4.11（k））。相反，GS – 0.5 算法和 IQN – 0.5 算法的最终策略实现了更有效的风险控制（图 4.11（h）、图 4.11（l））。最后，如图 4.11（i）和图 4.11（m）所示，鉴于更加严苛的风险等级设置，GS – 0.1 算法和 IQN – 0.1 算法的最终策略倾向于更严格地避开危险区域。

总体而言，在更加宽松的风险等级设置下，WCSAC 系列算法的安全性与基于期望的传统约束强化学习方法类似。而通过施行更加严苛的风险控制，WCSAC 系列算法可更有效地规避风险。

4.4　相关工作

WCSAC – IQN 算法首次将值分布强化学习技术应用于具有单独奖励和安全信号的安全约束强化学习中。传统的风险规避机制通常用于具有单一奖励

① 其他算法在训练过程中表现出类似的行为。

信号的强化学习问题中。尽管在只有奖励信号的情况下，通过 IQN 计算的条件风险值 CVaR 在文献［5］中被用于获得风险规避的策略[5]，但其应用方法与本章介绍的算法有很大不同。在具有单独的奖励和安全成本信号的情况下，WCSAC－IQN 算法将 IQN 应用于具有连续动作空间的安全约束强化学习问题中，而非离散动作空间。

基于文献［4］的工作，文献［14］进行了策略探索的相关研究，以快速获得最佳风险规避策略[4,14]。继文献［5］的研究之后，文献［7］中设计了一种新的 Actor－Critic 方法，以优化长期累积奖励的风险评估标准，其中只有由安全策略收集的历史样本可用于训练[5,7]。尽管该算法提供了 Off－Policy 版本，但其探索和利用的平衡机制尚不明确，而 WCSAC－IQN 算法则明确被定义为一种基于 SAC 算法的具有最大策略熵探索机制的方法。文献［6］的相关研究为具有风险约束的马尔可夫决策过程提出了有效的强化学习算法，但其目标是最小化长期累积安全成本的期望，同时将其条件风险值 CVaR 保持在给定阈值以下，而不是独立地保持奖励和安全信号[6]。在某种程度上，这些方法更新拉格朗日乘数的方式启发了 WCSAC－IQN 算法使用自适应安全权重。然而，在现实世界中，安全强化学习问题通常涉及多个目标，其中一些目标可能相互矛盾，例如自动驾驶任务中需要同时避免碰撞和提高车速[15]。因此，设置明确的安全信号将使得问题的定义更加明晰并贴合实际[16]。

具有单独奖励和安全信号的安全强化学习模型也已经得到了一定程度的研究[12,17-19]。具体而言，文献［12，17－19］提出了一系列基于置信域的策略约束优化方法，其中最坏情况下的每次策略更新都是有边界约束的[12,18-19]。然而，这些方法并没有为强化学习本身存在的内在不确定性提供明确的风险规避机制，而这种内在不确定性正是由长期累积安全成本的分布所决定的。此外，基于置信域的方法一般属于同策略（On－Policy）强化学习。与异策略（Off－Policy）方法相比，On－Policy 方法通常样本效率更差。在同样的问题设置下，文献［17］对每个状态动作对可能产生的预期安全成本进行了更加保守地估计[17,20]，以用于安全探索和策略更新。通过保守的安全评估，这些方法可以学得有效的策略，同时降低产生不安全结果的概率。然而，这些方法只关注了价值估计的参数不确定性，而非强化学习本身由于环境随机性和概率性策略产生的内在不确定性。另外，这些研究更加侧重于灾难性事件是否发生，并将其定义为一个二进制信号。而本书中的安全强化学习方法则通过长期累积安全成本与安全阈值的比较来对安全性进行评估。总地来说，WCSAC - IQN 算法给了系统设计者更多的自由来指定安全或不安全的行为。

4.5 结论

本章介绍了如何使用隐式分位数网络 IQN 作为值分布安全评估项来改进 WCSAC 算法框架，以克服高斯近似法造成的分布估计误差。试验表明，与基于长期累积安全成本期望的方法相比，WCSAC - GS 算法和 WCSAC - IQN 算法都可以实现更好的风险控制。在复杂的连续控制环境中，因为自适应安全权重更新不及时的问题，WCSAC - GS 算法没有在安全方面表现出明显的优势。然而，引入隐式分位数网络 IQN 之后，WCSAC - IQN 算法在解决复杂安全强化学习问题时展现出了显著的优势，而且 IQN 提供了比高斯近似法更加准确的安全评估。IQN 用于解决安全强化学习问题的新尝试也可以拓展到其他相关算法。

在没有任何先验知识的情况下，任何安全强化学习算法都难以在训练过程中严格遵守安全约束。因此，WCSAC 算法虽然显著提升了最终学得策略的安全性能，并在安全约束强化学习问题中实现了良好的风险控制，但无法确保训练安全。此外，虽然 WCSAC - IQN 算法的性能通过试验得到了检验，但其收敛性尚未得到理论证明。

4.6 参考文献

[1] ALTMAN E. Constrained Markov decision processes[M]. Boca Raton, Florida: CRC Press, 1999.

[2] ROCKAFELLAR R T, URYASEV S. Optimization of conditional value - atrisk[J]. Journal of Risk, 2000, 2(3): 21 - 41.

[3] BELLEMARE M G, CANDIDO S, CASTRO P S, et al. Autonomous navigation of stratospheric balloons using reinforcement learning[J]. Nature, 2020, 588(7836): 77 - 82.

[4] BELLEMARE M G, DABNEY W, MUNOS R. A distributional perspective on reinforcement learning [C]//Proceedings of the 34th International Conference on Machine Learning. PMLR, 2017: 449 - 458.

[5] DABNEY W, OSTROVSKI G, SILVER D, et al. Implicit quantile networks for distributional reinforcement learning[C]//Proceedings of the 35th International Conference on Machine Learning. 2018: 1096 - 1105.

[6] CHOW Y, GHAVAMZADEH M, JANSON L, et al. Risk - constrained reinforcement learning with percentile risk criteria [J]. The Journal of Machine Learning Research, 2017, 18(1): 6070 - 6120.

[7]URPÍ N A, CURI S, KRAUSE A. Risk - averse offline reinforcement learning [Z]. 2021.

[8]ROWLAND M, DADASHI R, KUMAR S, et al. Statistics and samples in distributional reinforcement learning [C]//Proceedings of the 36th International Conference on Machine Learning. PMLR, 2019: 5528 - 5536.

[9] RAY A, ACHIAM J, AMODEI D. Benchmarking safe exploration in deep reinforcement learning [Z]. 2019.

[10]THÉATE T, WEHENKEL A, BOLLAND A, et al. Distributional reinforcement learning with unconstrained monotonic neural networks[Z]. 2021.

[11]HAARNOJA T, ZHOU A, HARTIKAINEN K, et al. Soft actor - critic algorithms and applications[Z]. 2018.

[12]ACHIAM J, HELD D, TAMAR A, et al. Constrained policy optimization [C]//Proceedings of the 34th International Conference on Machine Learning. PMLR, 2017: 22 - 31.

[13]SCHULMAN J, WOLSKI F, DHARIWAL P, et al. Proximal policy optimization algorithms[Z]. 2017.

[14]KERAMATI R, DANN C, TAMKIN A, et al. Being optimistic to be conservative: Quickly learning a cvar policy[C]//Proceedings of the AAAI Conference on Artificial Intelligence. 2020: 4436 - 4443.

[15]KAMRAN D, LOPEZ C F, LAUER M, et al. Risk - aware high - level decisions for automated driving at occluded intersections with reinforcement learning [C]//IEEE Intelligent Vehicles Symposium, IV. IEEE, 2020: 1205 - 1212.

[16]DULAC - ARNOLD G, LEVINE N, MANKOWITZ D J, et al. Challenges of real - world reinforcement learning: Definitions, benchmarks and analysis[J]. Machine Learning, 2021, 110(9): 2419 - 2468.

[17]BHARADHWAJ H, KUMAR A, RHINEHART N, et al. Conservative safety critics for exploration[C]// 9th International Conference on Learning Representations. 2021: 1 - 9.

[18]LIU Y, DING J, LIU X. IPO: Interior - point policy optimization under constraints[C]//Proceedings of the AAAI Conference on Artificial Intelligence. 2020: 4940 - 4947.

[19]YANG T, ROSCA J, NARASIMHAN K, et al. Projection - based constrained policy optimization[C]// 8th International Conference on Learning Representations. OpenReview. net, 2020: 1 - 10.

[20]KUMAR A, ZHOU A, TUCKER G, et al. Conservative Q - learning for offline reinforcement learning [C]//Advances in Neural Information Processing Systems. 2020, 33:1179 - 1191.

第三部分

训练安全保证

第5章
安全迁移强化学习

本章将介绍如何使用安全引导（Safe Guide，SaGui）框架来确保智能体的训练安全。WCSAC 算法（第 3 章和第 4 章）在安全约束强化学习问题中实现了良好的风险控制，但无法保证智能体训练期间的安全。在没有任何先验知识的实际问题中，任何安全强化学习算法都难以在训练过程中严格遵守安全约束。通常，强化学习智能体在部署前会在受控环境（如实验室）中进行训练。然而，实际的目标任务在部署前可能是未知的。无奖励强化学习通过训练智能体学习一个探索策略来解决这个问题，使其在奖励信号出现后能够快速适应新任务。本章考虑具有安全约束的无奖励设置，其中智能体（引导）在没有奖励信号的情况下学习安全探索。该智能体是在受控环境中训练的，期间其与环境的不安全交互不受限制，并且环境可持续提供安全信号。目标任务出现后，智能体将不再被允许违反安全约束。因此，在无奖励受控环境中学得的安全探索策略可用于构建安全行为策略。借鉴迁移学习思想，当目标策略不可靠时，可将目标策略向引导策略正则化，并随着训练的进行逐渐消除引导策略的影响。实证分析表明，通过安全引导 SaGui 可以实现安全迁移学习，并显著提高了目标任务学习的样本效率。

5.1 引言

建模为约束马尔可夫决策过程（CMDP）的安全约束强化学习旨在满足安全约束的前提下学习最优策略[1]然而，当前安全强化学习的研究重点更多在于通过学习最终得到一个安全策略，在学习过程中可能不安全。一些关于安全模型的知识可以确保学习过程中的安全。传统方法包括预先计算不安全的行为并把这些行为屏蔽掉[2-3]，或者从安全的初始策略开始学习，在保持安全的同时逐步优化策略[4-6]。然而，在找到最优策略前，这些方法通常还需要与环境进行多次交互[7]。此外，利用预先训练好的初始策略可能产生负面效果，因为在策略优化的过程中，智能体会采样产生新的轨迹分布，而分布差异可能会致使策略学习发散或收敛缓慢[8]。针对这些问题，本章将介绍在安全前提下高效解决目标任务的创新方法。

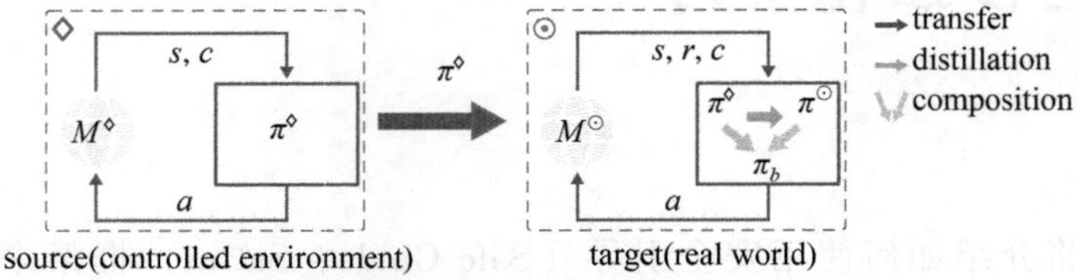

图 5.1 安全迁移强化学习框架

强化学习智能体在部署到现实世界前，通常在受控环境（如实验室或模拟器）中训练[9]。但在部署前，目标任务可能是未知的。尽管如此，当智能体在受控环境中学习时，仍然可以获取有利于目标任务学习的有效知识。而由于环境受控，本阶段智能体可以在训练期间违反安全约束。当目标任务出现后，训练期间智能体不能违反安全约束。

受迁移学习[10]启发，源任务的一些先验知识可以加快目标任务的学习，本章将介绍如何迁移知识以提高目标任务学习的安全性。在安全迁移强化学习框架下，安全向导策略（SaGui，图 5.1）从源任务(◇)被迁移到目标任务(⊙)。该方法有三个主要步骤：①训练 SaGui 策略并将其迁移到目标任务；②根据向导策略调整目标策略；③根据向导策略和目标策略制定行为策略。

安全向导策略 SaGui 可在无奖励的约束强化学习[11]框架下进行训练，其中智能体只能接收到安全成本信号，而无目标任务相关的奖励信号。这种任务不可知的框架可在独立于目标任务的情况下来训练 SaGui 策略，而得到的策略可用于未来不同的目标任务学习。受机器人控制技术启发，SaGui 策略需要通过源任务在模拟/受控环境中学习得到[12-13]。因此，通过源任务训练 SaGui 策略时不需要考虑安全约束。

当进入目标任务的学习后，SaGui 策略可在安全的前提下与目标环境进行初始交互，而目标策略也可以通过这些初始轨迹数据进行优化。为确保目标策略迅速满足安全约束，SaGui 安全迁移强化学习框架采用策略蒸馏方法促进目标策略模仿 SaGui 策略。

SaGui 安全迁移强化学习主要特点如下：①从安全角度将迁移强化学习

过程形式化；②使用安全探索策略作为先验来促进目标任务的学习；③基于目标策略安全性自适应地往安全探索策略正则化；④通过先验策略和目标策略进行组合采样以确保智能体训练安全；⑤实证分析证明，与从头开始学习或调整预先训练的策略相比，SaGui 安全迁移强化学习可以更快地学会解决目标任务，同时不会在训练期间违反安全约束。

5.2　源任务先验获取

为了在目标任务中不违反安全约束的情况下训练强化学习智能体，需要有效的先验知识[14]。通常，可利用一个安全的初始策略作为先验采集初始轨迹，以保证智能体训练早期的安全[4-6]。然而，这些方法忽略了如何获得先验策略，以及什么样的先验策略在目标任务中有效这两个基本问题。因此，本章将明确考虑如何通过构建源任务获得有效先验策略，以及如何利用先验策略安全地加速目标任务学习。

5.2.1　迁移问题设置

本章涉及的强化学习训练安全问题可使用迁移学习（Transfer Learning，TL）框架来定义。一般来说，TL 允许 RL 智能体使用源任务中获取的先验知识来加速目标任务的学习进程[10,15]。源任务 $\{\mathcal{M}^{\diamond}\}$ 应向在目标任务 $\mathcal{M}^{\odot}$ 中学习的智能体提供必要的知识 $\mathcal{K}^{\diamond}$。通过利用 $\mathcal{K}^{\diamond}$，智能体可以更快地学习完成目标任务 $\mathcal{M}^{\odot}$。

为有效迁移源任务中获取的安全特性，迁移学习可利用一个无监督源任务，其环境只提供安全信息，并使用策略来对所迁移的先验知识进行表征。形式上，给定源任务

$$\mathcal{M}^{\diamond}=\langle \mathcal{S}^{\diamond},\mathcal{A}^{\diamond},\mathcal{P}^{\diamond},\varnothing,c^{\diamond},d^{\diamond},\iota^{\diamond},\gamma\rangle \tag{5.1}$$

在无奖励信号的情况下，可在源任务中优化得到无具体任务目标的安全探索策略 $\pi^{\diamond}$。通过该策略提供先验知识集 $\mathcal{K}^{\diamond}=\{\pi^{\diamond}\}$，以促进后续目标任务的学习。

$$\mathcal{M}^{\odot}=\langle \mathcal{S}^{\odot},\mathcal{A}^{\odot},\mathcal{P}^{\odot},r^{\odot},c^{\odot},d^{\odot},\iota^{\odot},\gamma\rangle \tag{5.2}$$

为将源策略 $\pi^{\diamond}$ 应用于具有不同状态空间 $\mathcal{S}^{\odot}$ 的目标任务，需要从目标状态空间到源状态空间的映射 Ξ：$\mathcal{S}^{\odot}\rightarrow\mathcal{S}^{\diamond}$。据此，可通过以下方式定义一个目标策略 $\pi^{\diamond\rightarrow\odot}$，即

$$\pi^{\diamond\rightarrow\odot}(s)=\pi^{\diamond}(\Xi(s)) \tag{5.3}$$

此外，假设源任务 $\mathcal{M}^{\diamond}$ 与目标任务 $\mathcal{M}^{\odot}$ 具有相同的动作空间。为基于目标任务和一个从目标状态空间到源状态空间的映射 Ξ 构建源任务，假设 Ξ 是一个状态抽象函数[16]。

设 $\Xi: \mathcal{S}^{\odot} \to \mathcal{S}^{\diamond}$ 为状态抽象函数。定义 Ξ^{-1} 为抽象函数的逆函数，使得

$$\Xi^{-1}(s^{\odot}) = \{s^{\diamond} \in \mathcal{S}^{\diamond} \mid \Xi(s^{\diamond}) = s^{\odot}\} \tag{5.4}$$

假设一个权重方程 $\omega: \mathcal{S} \mapsto [0,1]$，满足

$$\sum_{s^{\odot} \in \Xi^{-1}(s^{\diamond})} w(s^{\odot}) = 1, \forall s^{\diamond} \in S^{\diamond} \tag{5.5}$$

而后，可定义目标任务的状态转移和成本函数，即

$$\mathcal{P}^{\diamond}(s^{\diamond\prime} \mid s^{\diamond}, a) = \sum_{s^{\odot} \in \Xi^{-1}(s^{\diamond})} \sum_{s^{\odot\prime} \in \Xi^{-1}(s^{\diamond\prime})} w(s^{\odot}) \mathcal{P}^{\odot}(s^{\odot\prime} \mid s^{\odot}, a) \tag{5.6}$$

$$c^{\diamond}(s^{\diamond}, a) = \sum_{s^{\odot} \in \Xi^{-1}(s^{\diamond})} w(s^{\odot}) c^{\odot}(s^{\odot}, a) \tag{5.7}$$

$$\iota^{\diamond}(s^{\diamond}) = \sum_{s^{\odot} \in \Xi^{-1}(s^{\diamond})} w(s^{\odot}) \iota^{\odot}(s^{\odot}) \tag{5.8}$$

假设 5.2.1 $\mathcal{A}^{\diamond} = \mathcal{A}^{\odot} = \mathcal{A}$

为了使先验知识能够在任务之间迁移，不同任务拥有相同的动作空间确保了在源任务中学习得到的策略可以直接应用于目标任务。

5.2.2 迁移度量

为评估安全迁移强化学习算法，需要定义迁移度量。图 5.2（a）提供了与安全相关的迁移度量示意图[10]：safety jump - start 表示使用源知识训练智能体的预期成本与从零开始学习的预期成本相比，在训练开始时接近安全阈值的程度；而 Δtime to safety 是达到安全阈值所需的交互次数之差。当源任务的安全阈值低于目标任务的安全阈限时，使用源知识训练智能体的预期成本可能在初始时刻低于安全阈值（图 5.2（b））。在这种情况下，safety jump - start 将是安全阈值和智能体初始安全成本之间的差值，而 Δ time to safety 将是智能体学会满足安全约束所需的交互次数。

如果智能体可以在不违反安全约束的情况下进行学习，算法评估则需要考虑关于奖励的常用性能度量[10]。图 5.2（c）显示了使用源知识训练的智能体在性能方面的初始优势，即 return jump - start，以及达到最佳性能所需的时间，即 Δtime to optimum。知识迁移目的在于通过先验促进智能体在目标任务中探索环境，从而缩短训练时间。在安全敏感的目标任务中，性能度量的优先级低于安全度量。因此，只有当智能体可以在不违反安全约束的情况下进行学习时，才需要使用以上性能度量标准[17]。

问题陈述　安全迁移强化学习目的在于最大化 safety jump - start（防止在目标任务中违反安全约束）并减少 Δtime to optimum（强化探索），以便在将策略 $\pi^{\diamond}$ 从源任务 $\mathcal{M}^{\diamond}$ 迁移到目标任务 $\mathcal{M}^{\odot}$ 时，能够快速有效地提升策略性能。

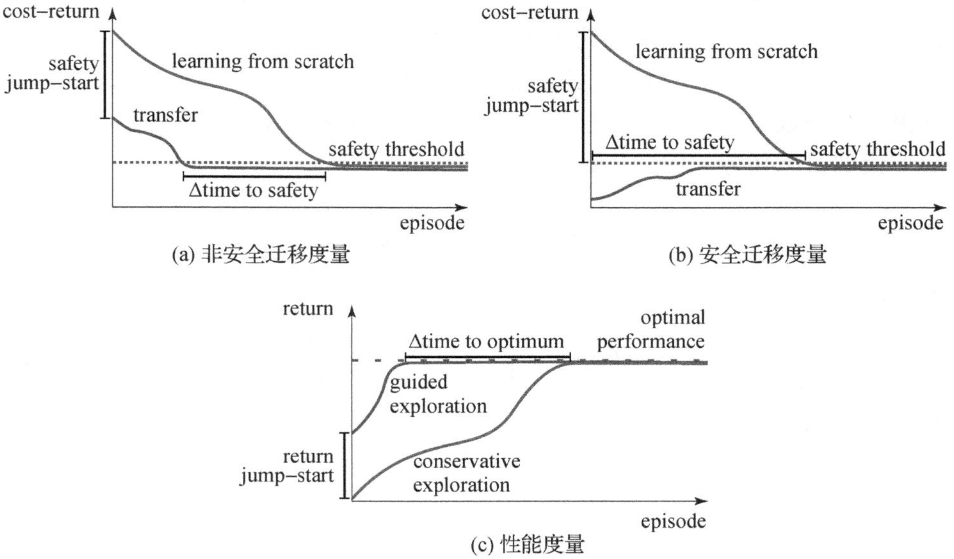

(a) 非安全迁移度量　(b) 安全迁移度量

(c) 性能度量

图 5.2　安全迁移强化学习算法评估标准

5.2.3　方法概览

在本章的迁移设置中，单一源任务仅提供安全信号，用于训练安全引导策略。在无奖励信号的情况下，引导策略的目标是在最大限度探索环境的同时确保安全性和效率。目标策略的训练将利用引导策略的安全探索能力，在不违反安全约束的情况下，迅速学会如何解决目标任务。该迁移设置主要特点如下：①引导策略和目标策略是分开训练的；②引导策略仅需训练一次，并且可以支持不同目标任务的学习；③源任务只提供安全信号，而无目标任务信息。

为确保安全引导策略 SaGui 在目标任务中部署时的安全性，本章假设源任务的安全阈值低于或等于目标任务的安全阈值，并且 Ξ 是一个保持安全动态的状态抽象函数，这将在下文中正式定义。

假设 5.2.2　目标任务的安全阈值上限是源任务的安全阈值：$d^{\diamond} \leqslant d^{\odot}$。

假设 5.2.3　Ξ 是一个 Q_{π}^{c} - irrelevance 抽象[16]，因此

$$\Xi(s)=\Xi(s')\Rightarrow Q_{\pi^{\odot}}^{c}(s,a)=Q_{\pi^{\odot}}^{c}(s',a),\ \forall s,s'\in\mathcal{S}^{\odot},a\in\mathcal{A},\pi^{\odot}$$

这一假设能够将策略在源任务上的预期安全成本 cost - return 与目标任务上

的预期安全成本 cost - return 联系起来。

引理 5.2.4 给定定理 5.2.1 和定理 5.2.3，可得

$$Q_{\pi^\diamond}^{c,\diamond}(\Xi(s),a)=Q_{\pi^\diamond\to\odot}^{c,\odot}(s,a)\quad \forall s\in\mathcal{S}^\odot,a\in\mathcal{A},\pi^\diamond$$

也就是说，源策略的预期安全成本在源任务和目标任务中是相同的。

证明：考虑一个非马尔可夫约束决策过程

$$\mathcal{M}_T=\langle\mathcal{S}_T,\mathcal{A},\mathcal{P}_T,\emptyset,c^T,d^\diamond,\iota_T,\gamma\rangle$$

其由一个整数 T 参数化。在这个过程中，智能体在源任务中运行了 T 步，然后切换到目标任务。因此，状态空间满足

$$\mathcal{S}_T=\begin{cases}\mathcal{S}^\odot, & T=0\\ \mathcal{S}^\diamond, & 其他\end{cases}\tag{5.9}$$

安全成本函数满足

$$c_T(s,a)=\begin{cases}c^\odot(s,a), & T=0\\ c^\diamond(s,a), & 其他\end{cases}\tag{5.10}$$

状态转移函数满足

$$\mathcal{P}_T(s'\mid s,a)=\begin{cases}\mathcal{P}^\odot(s'\mid s,a), & T=0\\ \sum\limits_{s^\odot\in\Xi^{-1}(s)}w(s^\odot)\mathcal{P}^\odot(s'\mid s^\odot,a), & T=1\\ \mathcal{P}^\diamond(s'\mid s,a), & 其他\end{cases}\tag{5.11}$$

初始状态分布满足

$$\iota_T(s)=\begin{cases}\iota^\odot(s), & T=0\\ \iota^\diamond(s), & 其他\end{cases}\tag{5.12}$$

策略 π 在状态 $s\in\mathcal{S}_T$ 采取动作 $a\in\mathcal{A}$ 产生的 $Q_\pi^{c,\odot}(s,a)$ 值由以下公式计算：

$$Q_{T,\pi}^{c}(s,a)=\begin{cases}Q_\pi^{c,\odot}(s,a), & T=0\\ \sum\limits_{s^\odot\in\Xi^{-1}(s)}w(s^\odot)Q_\pi^{c,\odot}(s^\odot,a), & T=1\\ c^\diamond(s,a)+\gamma\mathcal{C}_\pi(s,a), & 其他\end{cases}\tag{5.13}$$

其中

$$\mathcal{C}_\pi(s,a)=\sum_{s'\in\mathcal{S}^\diamond}\mathcal{P}^\diamond(s'\mid s,a)\sum_{a'\in\mathcal{A}}\pi(a'\mid s')Q_{T-1,\pi}^{c}(s',a')$$

而后，通过归纳可得

$$\forall T,s^\odot,a,\pi:Q_\pi^{c,\odot}(s_T,a)=Q_\pi^{c,\odot}(s^\odot,a)$$

其中，如果 $T=0,s_T=s^\odot$；否则，$s_T=\Xi(s^\odot)$。

当 $T=0$ 时，由于 $Q_0^c=Q^{c,\odot}$，这类情况显然成立。当 $T=1$ 时，根据 $Q_{1,\pi}^c$ 的定义，可得

$$Q_{1,\pi}^{c}(s_T,a) = \sum_{s^{\odot'} \in \Xi^{-1}(s_T)} w(s^{\odot'}) Q_{\pi}^{c,\odot}(s^{\odot'},a) \tag{5.14}$$

$$= \sum_{s^{\odot'} \in \Xi^{-1}(s_T)} w(s^{\odot'}) Q_{\pi}^{c,\odot}(s^{\odot},a) \tag{5.15}$$

$$= Q_{\pi}^{c,\odot}(s^{\odot},a) \sum_{s^{\odot'} \in \Xi^{-1}(s)} w(s^{\odot'}) \tag{5.16}$$

$$= Q_{\pi}^{c,\odot}(s^{\odot},a) \tag{5.17}$$

在式（5.15）中，根据定理5.2.3，替换每一个 $s^{\odot'}$ 为状态 $s^{\odot}$。由于状态 $s^{\odot}$ 独立于状态 $s^{\odot'}$，在式（5.16）中，可把 Q 值移出求和。最后，在式（5.17）中，可利用式（5.5）将总和替换为1。至此，这类情况推理完成。

当 $T > 1$ 时，作归纳假设：

$$\forall s^{\odot}, a, \pi : Q_{T-1,\pi}^{c}(s_T,a) = Q_{\pi}^{c,\odot}(s^{\odot},a)$$

将 Q_T 的定义应用于 $T>1$：

$$Q_{T,\pi}^{c}(s_T,a) = c^{\Diamond}(s_T,a) + \gamma \sum_{s' \in \mathcal{S}^{\Diamond}} \mathcal{P}^{\Diamond}(s' \mid s_T,a) \sum_{a' \in \mathcal{A}} \pi Q_{T-1,\pi}^{c}(s',a') \tag{5.18}$$

$$= \sum_{s^{\odot} \in \Xi^{-1}(s_T)} w(s^{\odot}) c^{\odot} + \gamma \sum_{s' \in \mathcal{S}^{\Diamond}} \sum_{s^{\odot} \in \Xi^{-1}(s_T)} \sum_{s^{\odot'} \in \Xi^{-1}(s')} w(s^{\odot}) \mathcal{P}^{\odot} \sum_{a' \in \mathcal{A}} \pi \mathcal{Q}_T \tag{5.19}$$

$$= \sum_{s^{\odot} \in \Xi^{-1}(s_T)} w(s^{\odot}) c^{\odot} + \sum_{s^{\odot} \in \Xi^{-1}(s_T)} w(s^{\odot}) \gamma \sum_{s' \in \mathcal{S}^{\odot}} \sum_{s^{\odot'} \in \Xi^{-1}(s')} \mathcal{P}^{\odot} \sum_{a' \in \mathcal{A}} \pi \mathcal{Q}_T \tag{5.20}$$

$$= \sum_{s^{\odot} \in \Xi^{-1}(s_T)} w(s^{\odot}) \left[c^{\odot} + \gamma \sum_{s' \in \mathcal{S}^{\odot}} \sum_{s^{\odot'} \in \Xi^{-1}(s')} \mathcal{P}^{\odot} \sum_{a' \in \mathcal{A}} \pi \mathcal{Q}_T \right] \tag{5.21}$$

$$= \sum_{s^{\odot} \in \Xi^{-1}(s_T)} w(s^{\odot}) \left[c^{\odot} + \gamma \sum_{s' \in \mathcal{S}^{\odot}} \sum_{s^{\odot'} \in \Xi^{-1}(s')} \mathcal{P}^{\odot} \sum_{a' \in \mathcal{A}} \pi \mathcal{Q}^{\odot} \right] \tag{5.22}$$

$$= \sum_{s^{\odot} \in \Xi^{-1}(s_T)} w(s^{\odot}) \left[c^{\odot} + \gamma \sum_{s^{\odot'} \in \mathcal{S}^{\odot}} \mathcal{P}^{\odot} \sum_{a' \in A} \pi \mathcal{Q}^{\odot} \right] \tag{5.23}$$

$$= \sum_{s^{\odot} \in \Xi^{-1}(s_T)} w(s^{\odot}) Q_{\pi}^{c,\odot}(s^{\odot},a) \tag{5.24}$$

$$= Q_{\pi}^{c,\odot}(s^{\odot},a) \tag{5.25}$$

其中

$$c^{\odot} = c^{\odot}(s^{\odot},a), \pi = \pi(a' \mid s'), \mathcal{P}^{\odot} = \mathcal{P}^{\odot}(s^{\odot'} \mid s^{\odot},a)$$

$$\mathcal{Q}_T = Q_{T-1,\pi}^{c}(s',a'), \mathcal{Q}^{\odot} = Q_{\pi}^{c,\odot}(s^{\odot'},a')$$

在这一推导过程中，式（5.19）应用了 $c^{\Diamond}$ 和 $\mathcal{P}^{\Diamond}$ 的定义；式（5.20）和式（5.21）对各项进行了重新排列；式（5.22）应用了归纳假设；因为考虑目标状态空间 $\mathcal{S}^{\odot}$ 中的所有可能状态，式（5.23）将两个求和式合并；式

(5.24) 应用了 Q 值的定义。最后，在式 (5.25) 中，可选择任意一个状态 $s^{\odot} \in \Xi^{-1}(s_T)$。至此，证明完毕。

定理 5.2.5 若 Ξ 是一个 Q_{π}^{c} 无关的状态抽象，则任何在源任务 $\mathcal{M}^{\diamond}$ 上安全的策略，在部署到目标任务 $\mathcal{M}^{\odot}$ 时也是安全的。

证明：

$$Q_{\pi^{\diamond}+\odot}^{c,\odot}(s,a) \overset{定理5.2.4}{=} Q_{\pi^{\diamond}}^{c,\diamond}(\Xi(s),a) \overset{\text{Premise}}{\leqslant} d^{\diamond} \overset{定理5.2.2}{\leqslant} d^{\odot} \qquad \square$$

然而，目标任务中的奖励函数 $r^{\odot}$ 可能与源任务的状态空间 $\mathcal{S}^{\diamond}$ 无关。因此，尽管在源任务上安全的策略在目标任务上也是安全的，但智能体完成目标任务所需行为可能在源任务上并未定义。例如，在源任务二维空间中导航的智能体，能够获取自身位置和非安全要素位置信息。然而，在每个目标任务中，智能体需要导航到不同目标位置，而这个目标位置在源任务中并未定义。策略的安全与否是由智能体和非安全要素的相对位置来确定，但为了导航的目标位置，智能体还必须获取目标位置信息。因此，在迁移先验策略的基础上，还需要针对具体任务对目标策略进行必要的更新和优化。

5.3 引导式安全探索

本节将介绍如何通过训练得到安全引导 (SaGui) 策略。而后，介绍具体任务出现后目标策略如何模仿 SaGui 策略，同时学习完成目标任务。最后，探讨在目标策略尚不安全时，如何避免危险情况的发生。

5.3.1 训练安全向导

由于源任务不提供目标任务的奖励信息，SaGui 策略只能通过无奖励模式训练得到。为得到具有较强环境探索能力的 SaGui 策略，可在安全约束下最大化策略熵。具体而言，通过设定 $r(s,a)=0$：$\forall s \in \mathcal{S}, a \in \mathcal{A}$ 来解决式 (2.6) 中定义的问题以获得 MaxEnt 智能体。尽管 MaxEnt 倾向于采取多样化的行动，但这并不意味着对环境的有效探索。特别是对于连续状态和动作空间，即使策略具有很高的熵，也可能在环境探索方面非常局限。

为了提升 SaGui 策略的环境探索能力，可引入额外的辅助奖励，激励智能体访问陌生状态空间。为衡量状态空间的新颖性，首先需要定义度量空间 $(\mathcal{S}^{\ddagger},\varsigma)$，其中 $\mathcal{S}^{\ddagger}$ 是抽象状态空间，$\varsigma:\mathcal{S}^{\ddagger}\times\mathcal{S}^{\ddagger}\to[0,\infty)$ 是距离函数。$\forall s,s',s'' \in \mathcal{S}^{\ddagger}$，度量空间满足以下条件：

$$\varsigma(s,s')=0 \Leftrightarrow s=s'$$
$$\varsigma(s,s')=\varsigma(s',s)$$
$$\varsigma(s',s'')\leqslant\varsigma(s,s')+\varsigma(s,s'')$$

其中，$\mathcal{S}^{\ddagger}$可能不是原始状态空间 $\mathcal{S}$。特别是当 $\mathcal{S}$ 是高维空间时，$\mathcal{S}^{\ddagger}$可以是从 $\mathcal{S}$ 中抽象出的一些关键维度，或者是通过表征学习得到的潜在空间。出于环境探索需求，辅助奖励可被定义为当前状态和后续状态之间的期望距离：

$$r_t^{\varsigma}=\underset{s_{t+1}\sim\mathcal{P}(\cdot|s_t,a_t)}{\mathbb{E}}[\varsigma(f^{\ddagger}(s_t),f^{\ddagger}(s_{t+1}))],\quad \forall s_t,a_t\in\mathcal{S}\times\mathcal{A} \tag{5.26}$$

其中，$f^{\ddagger}:\mathcal{S}\rightarrow\mathcal{S}^{\ddagger}$为潜在的抽象表征函数。因此，通过解决基于辅助奖励 r^{ς}的约束优化问题（式（2.6）），可得到先验探索策略。而 SAC – Lag 算法可以直接用于解决该约束优化问题（式（2.6）），如算法 3 所示。基于状态距离的辅助奖励并非显式地促进探索，但增加步长和策略熵在实践中显著提升了智能体的环境探索能力。在实证分析部分的辅助奖励试验目的在于，评估具备不同环境探索能力的先验策略对目标策略学习的影响。先验探索策略的获取方式还有很多种，如最大化状态密度的熵[18-20]。本书第 6 章将进一步研究这个问题，而本章则专注于如何更加有效地迁移 SaGui 策略。

算法 3　Sa Gui 策略探索优化

Require: Task $\mathcal{M}^{\diamond}$
Require: Hyperparameters β,d
initizlize $\mathcal{D}\leftarrow\emptyset$
initialize $\theta_x^{\diamond}$ for $x\in\{\pi,R,C,\omega\}$
for each iteration **do**
　for ech environment step **do**
　　$a_t\sim\pi^{\diamond}(\cdot|s_t)$
　　$s_{t+1}\sim\mathcal{P}(\cdot|s_t,a_t)$
　　$r_t^{\varsigma}\leftarrow\varsigma(f^{\ddagger}(s_t),f^{\ddagger}(s_{t+1}))$ {辅助任务(5.26)}
　　$\mathcal{D}\leftarrow\mathcal{D}\cup\{(s_t,a_t,r_t^{\varsigma},c_t,s_{t+1})\}$ {重放缓冲区}
　end for
　for each gradient step **do**
　　从重放缓冲区 $\mathcal{D}$ 抽取样本
　　for $x\in\{\pi,R,C,\omega\}$ **do**
　　　$\theta_x^{\diamond}\leftarrow\theta_x^{\diamond}-\lambda_x\hat{\nabla}_{\theta_x^{\diamond}}J_x(\theta_x^{\diamond})$ {参数更新}
　　end for
　end for
end for
Output: Optimized parameters $\theta_{\pi}^{\diamond}$ for $\pi^{\diamond}$

5.3.2 安全向导中的策略提炼

当智能体策略被训练用于完成某项特定任务时，面对新任务会很难泛化[8]。引导策略是以探索环境为目标进行训练的，所以不能以引导策略为目标任务训练的初始策略。因此，需要训练一个专门用于完成目标任务的新策略，称为目标策略。

通过迁移先验探索策略可以使目标策略快速学会如何安全地行动。如图 5.3 所示，通过映射函数 Ξ，约束强化学习算法可以基于 KL 散度将目标策略 $\pi^{\odot}$ 往先验策略 $\pi^{\diamond}$ 正则化。因此，基于固定的先验策略 $\pi^{\diamond}$ 可以构建一个新的奖励函数

$$r_t' = r_t^{\odot} + \varpi r_t^{\mathrm{KL}} + \beta r_t^{\mathcal{H}}$$

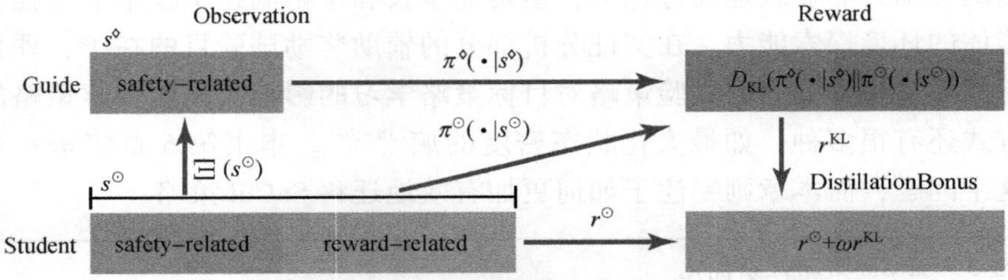

图 5.3 策略模仿学习过程

其中

$$r_t^{\mathrm{KL}} = \log \frac{\pi^{\diamond}(a_t \mid \Xi(s_t))}{\pi^{\odot}(a_t \mid s_t)}$$

$$r_t^{\mathcal{H}} = -\log\pi^{\odot}(a_t \mid s_t)$$

权重系数 ϖ 和 β 分别表示 KL 项和熵正则化的强度。然后，设定 $r_t^{\diamond} = \log \pi^{\diamond}(a_t \mid \Xi(s_t))$，可以定义目标策略学习的优化目标：

$$\max_{\pi^{\odot}} \mathop{\mathbb{E}}_{\tau\sim\rho_{\pi^{\odot}}} \sum_{t=0}^{\infty} \gamma^t [r_t^{\odot} + \varpi r_t^{\diamond} + (\beta + \varpi) r_t^{\mathcal{H}}] \tag{5.27}$$

显然，在目标策略不安全的情况下，应当增强对先验探索策略的模仿学习；如果目标策略足够安全，则应当减弱先验探索策略对于目标策略学习的影响，而更加专注于目标任务的学习。自适应安全权重 ω 反映了当前策略的安全性，因此可根据自适应安全权重 ω 来确定 KL 正则化的强度 ϖ。总之，奖励函数通过模仿学习设置以及熵正则化进行了重新定义，即 $r_t'' = r_t^{\odot} + \omega r_t^{\diamond}$。优化后的奖励函数促进了目标策略采取更有可能由先验策略产生的行动。基于重新构建的奖励函数，SAC－Lag 可直接用于求解带有附加策略熵约束的优化问题（式（5.27））（算法 4，第 14～19 行）。

5.3.3　复合采样

为提高训练安全性并优化目标策略（算法 4，第 4 ~ 13 行），SaGui 安全迁移强化学习使用复合采样策略，即，智能体的行为策略（π_b）是由先验策略（$\pi^{\diamond}$）和目标策略（$\pi^{\odot}$）融合构建的。因此，在每个离散时间步，$a_t \sim \pi_b(\cdot \mid s_t), s_t \in \mathcal{S}^{\odot}$，其中

$$\pi_b(\cdot \mid s_t) = \begin{cases} \pi^{\diamond}(\cdot \mid \Xi(s_t)), & b = \diamond \\ \pi^{\odot}(\cdot \mid s_t), & \text{其他} \end{cases} \tag{5.28}$$

算法 4　引导式安全探索

Require: Task $\mathcal{M}^{\odot}$
Require: The guide's policy $\pi^{\diamond}$
Require: Hyperparameters $\overline{\mathcal{H}}, d$
1: **initizlize** $\mathcal{D} \leftarrow \varnothing$
2: **initialize** $\theta_x^{\odot}$ for $x \in \{\pi, R, C, \beta, \omega\}$
3: **for** each iteration **do**
4: 　**for** ech environment step **do**
5: 　　$b \leftarrow \diamond \vee \odot$ {算法 5 和 6}
6: 　　$a_t \sim \pi_b(\cdot \mid s_t)$ {组合采样(式(5.28))}
7: 　　$\mathcal{J}_t \leftarrow \mathcal{J}(s_t, a_t)$ {重要性采样比率(式(5.29))}
8: 　　$r_t^{\odot} \leftarrow r^{\odot}(s_t, a_t)$
9: 　　$r_t^{\diamond} \leftarrow \log \pi^{\diamond}(a_t \mid \Xi(s_t))$
10: 　　$c_t \leftarrow c(\Xi(s_t), a_t)$
11: 　　$s_{t+1} \sim \mathcal{P}^{\odot}(\cdot \mid s_t, a_t)$
12: 　　$\mathcal{D} \leftarrow \mathcal{D} \cup \{(s_t, a_t, r_t^{\odot}, r_t^{\diamond}, c_t, \mathcal{J}_t, s_{t+1})\}$
13: 　**end for**
14: 　**for** each gradient step **do**
15: 　　从重放缓冲区 $\mathcal{D}$ 抽取样本
16: 　　**for** $x \in \{\pi, R, C, \beta, \omega\}$ **do**
17: 　　　$\theta_x^{\odot} \leftarrow \theta_x^{\odot} - \lambda_x \hat{\nabla}_{\theta_x^{\odot}} \mathcal{J}J_x(\theta_x^{\odot})$ {参数更新}
18: 　　**end for**
19: 　**end for**
20: **end for**
Output: Optimized parameters $\theta_\pi^{\odot}$ for $\pi^{\odot}$

基于 SaGui 策略的安全迁移强化学习可采用两种组合采样方案：

linear – decay（算法 5）　该组合采样策略在算法每次梯度计算后以恒

定的衰减率线性降低了使用 $\pi^{\diamond}$ 的概率，相反地增加了使用 $\pi^{\odot}$ 的概率。线性衰减模式有两种：①step - wise，π_b 可以在每个离散时间步进行调整；②trajectory - wise，π_b 仅在每条轨迹采样开始时发生变化。线性衰减模式在执行每条轨迹采样之前决定，并在训练过程中从完全 step - wise 模式切换到完全 trajectory - wise 模式。训练过程中，执行 step - wise 模式的概率是线性降低的，并在每次算法迭代后以恒定的衰减率使用先验策略，相反地增加了执行 trajectory - wise 模式和使用目标策略的概率。因此，初始化概率 $P_\pi=1$ 以确定 π_b，并初始化 $P_{\text{wise}}=1$ 以确定起始线性衰减模式（第 1 行）。组合采样方案 linear - decay 以恒定的衰减率 v（第 12 行和第 18 行）线性减小 P_π 和 P_{wise}，并且衰减率 v 由训练长度决定。在每条轨迹采样开始时，通过对 $\kappa_{\text{wise}}\sim U(0,1)$ 进行采样，判断如果 $\kappa_{\text{wise}}<P_{\text{wise}}$，则执行 step - wise 模式；否则，执行 trajectory - wise 模式（第 5 ~ 11 行）。在 step - wise 模式下的每个离散时间步，智能体所要采取的行动以概率 P_π 从先验策略 $\pi^{\diamond}$ 采样，以概率 $1-P_\pi$ 从目标策略 $\pi^{\odot}$ 采样（第 14 ~ 16 行）。在 trajectory - wise 模式下，只需要在每条轨迹采样开始时做一次决定（第 10 行）。

算法 5 组合采样(linear - decay)

Require: $\pi^{\diamond},\pi^{\odot},\nu$
1: **initialize** $P_\pi\leftarrow 1, P_{\text{wise}}\leftarrow 1$
2: **for** each iteration **do**
3: $P_b(\diamond)=P_\pi$ {采用先验策略的概率}
4: $P_b(\odot)=1-P_\pi$ {采用目标策略的概率}
5: Sample $\kappa_{\text{wise}}\sim U(0,1)$
6: **if** $\kappa_{\text{wise}}<P_{\text{wise}}$ **then**
7: step - wise←true
8: **else**
9: step - wise←false
10: $b\sim P_b$ {选择行为策略}
11: **end if**
12: $P_{\text{wise}}=P_{\text{wise}}-\nu$ {降低采用 step - wise 模式的概率}
13: **for** each gradient step **do**
14: **if** step - wise **then**
15: $b\sim P_b$ {选择行为策略}
16: **end if**
17: **end for**
18 $P_\pi=P_\pi-\nu$ {降低使用先验策略的概率}
19: **end for**
Output: π_b

control – switch（算法 6） 为兼顾安全探索和目标任务学习的样本效率（目标策略产生的样本更有利于其本身的学习），目标策略将持续采样。在每条轨迹采样的起点令 $\pi_b = \pi^{\odot}$（第 3 行）；在第一次产生 $c_{t-1} > 0$ 后，切换 $\pi_b = \pi^{\diamond}$，直到轨迹结束（第 13 ~ 16 行）。因此，先验策略可被视为备份策略，用于提高与环境交互期间的安全性。此外，组合采样方案 control – switch 利用两个重放缓冲区 $\mathcal{D}^{\diamond}$ 和 $\mathcal{D}^{\odot}$ 分别保存先验策略和目标策略产生的样本（第 8 ~ 12 行），以便控制 $P_{\mathcal{D}^{\odot}}$ 使得策略优化利用更多 $\mathcal{D}^{\odot}$ 中的同策略（On – Policy）样本，而从 $\mathcal{D}^{\diamond}$ 中采样的概率为 $P_{\mathcal{D}^{\diamond}} = 1 - P_{\mathcal{D}^{\odot}}$。在算法执行过程中，先验策略通过训练实现了 $Q^c_{\pi^{\diamond}}(s,a) \leqslant d, s \sim \mathcal{D}, a \sim \pi^{\diamond}(\cdot \mid s)$。根据 $Q^c_{\pi^{\diamond}}(s,a)$ 的定义，即使存在 $c_0 > 0$ 的情况，组合采样方案 Control – switch 依然可以保证 $\mathbb{E}_{\tau \sim \rho_{\pi^{\diamond}}}\left[\sum_{t=0}^{\infty} \gamma^t c_t \mid s_0 = s, a_0 = a\right] \leqslant d$。

算法 6 组合采样（control – switch）

Require: $\pi^{\diamond}, \pi^{\odot}$

1: **initizlize** $\mathcal{D}^{\diamond} \leftarrow \emptyset, \mathcal{D}^{\odot} \leftarrow \emptyset$

2: **for** each iteration **do**

3:     $b \leftarrow \odot$ {由 SaGui 策略开始采样}

4:     control – switch(t) ← false

5:     **for** each environment step **do**

6:     $a_t \sim \pi_b(\cdot \mid s_t)$

7:     $E \leftarrow (s_t, a_t, r_t^{\odot}, r_t^{\diamond}, c_t, \mathcal{J}_t, s_{t+1})$ {生成交互样本}

8:     **if** $b = \diamond$ **then**

9:       $\mathcal{D}^{\diamond} \leftarrow \mathcal{D}^{\diamond} \cup \{E\}$ {保存先验策略样本}

10:     **else**

11:       $\mathcal{D}^{\odot} \leftarrow \mathcal{D}^{\odot} \cup \{E\}$ {保存目标策略样本}

12:     **end if**

13:       **if** $\neg$ control – switch(t) $\wedge\, c_t > 0$ **then**

14:         $b \leftarrow \diamond$ {切换行为策略}

15:         control – switch(t) ← true

16:     **end if**

17:   **end for**

18:   **end for**

Output: π_b

复合采样策略 π_b 和 $\pi^{\odot}$ 相差较大，值函数近似可能会出现较大偏差。当以 $\pi^{\diamond}$ 采样大多数样本时，这种偏差尤为明显。这种现象与 deadly triad[21] 有关。为了消除异策略（Off - Policy）样本的负面影响，组合采样方案将计算每个样本的重要性抽样（IS）比率：

$$\mathcal{J}(s,a)=\min\left(\max\left(\frac{\pi^{\odot}(a\mid s)}{\pi_b(a\mid s)},\mathcal{J}_l\right),\mathcal{J}_u\right) \tag{5.29}$$

组合采样方案引入了限幅超参数 $\mathcal{J}_u$ 和 $\mathcal{J}_l$ 以减少异策略样本产生的时间差分目标方差。如果 π_b 使用目标策略 $\pi^{\odot}$，则 $\mathcal{J}(s,a)=1$。另外，如算法 4 的第 17 行所示，重要性抽样（IS）比率 $\mathcal{J}$ 除了用于值函数的更新，也会用于策略更新。

5.4 实证分析

本节通过 Safety Gym[17] 仿真平台对基于 SaGui 策略的安全迁移强化学习进行评估。在由 Safety Gym 构建的环境中，随机初始化的机器人在二维环境中进行路径规划以到达目标位置，同时需要避开危险区域和障碍物（图 5.4）。在这些环境中，智能体通过激光雷达传感器观测环境空间。由于观测空间维度较高，这些路径规划任务具有较高的复杂性。本节使用了三种复杂程度不同的环境：

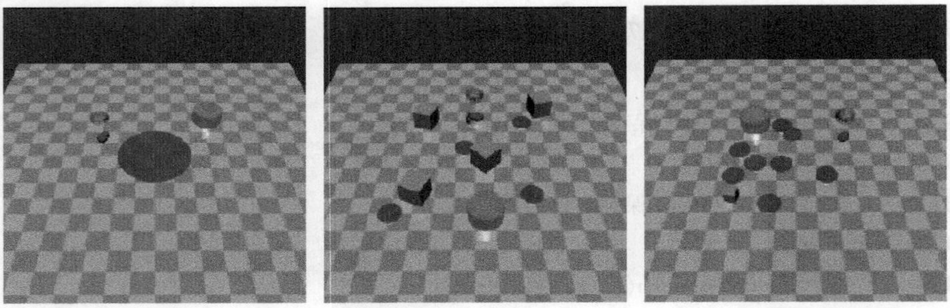

(a) Static (b) Semi–Dynamic (c) Dynamic

图 5.4 三种复杂程度不同的环境

静态（Static）：包含一个点式机器人（Point）和一个危险区域的静态环境（图 5.4（a））。危险区域和路径规划目标的位置是静态不变的。

半动态（Semi - Dynamic）：包含一个车式机器人（Car）、四个危险区域和四个障碍物（图 5.4（b））。危险区域和障碍物的位置是静态不变的，但路径规划目标的位置在每次轨迹采样开始前会随机初始化。

动态（Dynamic）：包含一个点式机器人（Point）、八个危险区域和一个障碍物的动态环境（图 5.4（c））。路径规划目标、障碍物和危险区域的位置在每次轨迹采样开始前会随机初始化。

先验策略 SaGui 是在没有路径规划目标的情况下进行训练的，其辅助奖励是每个离散时间步的位移量。安全映射方程在 5.4.1 节中进行了具体描述。由于实证分析评估重点在于路径规划的目标任务，并且 SaGui 策略是在受控环境中进行学习得到的，因此本节不对 SaGui 策略的学习过程进行评估。在目标任务中，奖励信号为 Safety Gym 平台的原始奖励，即机器人往目标方向移动的距离加上完成任务的一次性奖励[17]。在所有的环境中：如果发生不安全的环境交互，则 $c=1$；否则 $c=0$。本节所有的试验都在不同的随机种子下运行 10 次，训练曲线图展示了所有运行结果的平均值和标准偏差。

为评估训练期间算法的性能，本节使用以下评估标准：行为策略的安全性（Cost－Return π_b）、行为策略的性能（Return π_b）、目标策略的安全性（Cost－Return $\pi^{\odot}$）和目标策略的性能（Return $\pi^{\odot}$）。为评估目标策略的收敛效果，本节实证分析增加了额外的测试过程，即在每个 epoch 后让目标策略运行 100 次（与训练过程并行），以评估 Return $\pi^{\odot}$和 Cost－Return $\pi^{\odot}$。

5.4.1　超参数

安全迁移强化学习 SaGui 中使用的超参数如如表 5.1 所示。对于其他算法，本章使用 https://github.com/openai/safety－starter－agents 中的默认超参数。试验中所有的策略网络和评估网络都使用单独的前馈多层感知器（MLP），而网络的大小则取决于任务的复杂性。每个异策略强化学习算法使用大小为 10^6 的重放缓冲区来存储交互样本。本章所有的折扣因子设置为 $\gamma=0.99$，目标网络更新的平滑系数设置为 0.005，学习率设置为 0.001。安全迁移强化学习 SaGui 的限幅超参数 $[\mathcal{J}_l, \mathcal{J}_u]$ 为 $[0.1, 2.0]$，而采样概率 $P_{\mathcal{D}\diamond}$ 以及 $P_{\mathcal{D}\odot}$ 分别设置为 0.25 和 0.75。在所有试验中，最大轨迹长度为 1000，而安全约束 d 则取决于具体的环境场景。所有试验都在 16GB 内存的英特尔（R）至强（R）CPU@3.50GHz 上进行。

表 5.1　SaGui 中的超参数设置

Parameter	Static	Semi－Dynamic	Dynamic	Note
Size of networks	(32,32)	(64,64)	(256,256)	
Size of replay buffer	10^6	10^6	10^6	$\|\mathcal{D}\|$

续表

Parameter	Static	Semi – Dynamic	Dynamic	Note
Batch size	32	64	256	
Number of epochs	50	100	150	
Safety constraint	5	8	25	d

安全映射方程　由于目标任务中存在目标位置的激光雷达观测，因此源任务和目标任务的状态空间不同。源任务仅存在安全相关信号 x_c，但目标任务具有额外的目标相关信号 x_r。因此，根据问题设置 5.2.3 节中的定义，通过忽略与目标相关的观测信号，可以将目标任务中的智能体观测 $[x_c, x_r]$ 映射到源任务中，即 $\Xi([x_c, x_r]) = [x_c]$。

5.4.2　消融试验

本节通过对安全迁移强化学习算法 SaGui 进行消融试验，以回答下列问题：①辅助奖励是否有助于促进环境探索？②更好的先验探索策略是否能训练出更好的目标策略？③KL 正则化的自适应强度如何影响目标策略的安全性和性能？④复合采样在安全迁移强化学习中发挥了什么样的作用？

（1）辅助奖励可促进产生多样化轨迹数据。为进行消融对比，本节在训练 MaxEnt 先验探索智能体时不添加辅助奖励，而 SaGui 是具有辅助奖励的。通过这种方式，可探究辅助奖励在探索中所起的作用。图 5.5 显示 SaGui 可以在静态和半动态环境中探索更大的区域。MaxEnt 可进行安全探索，但探索空间有限。

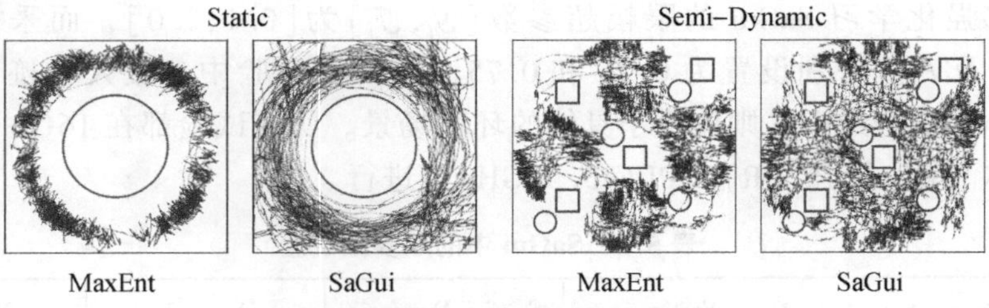

图 5.5　状态空间探索能力分析

（2）更好的先验探索策略可加快目标任务的学习。通过比较 MaxEnt 和 SaGui 对目标任务学习的影响，可验证先验探索策略如何发挥作用。图 5.6

显示，这两种先验策略都可以迁移实现安全的目标任务学习，但使用 SaGui 智能体需要较少的环境交互就能找到高性能的目标策略。

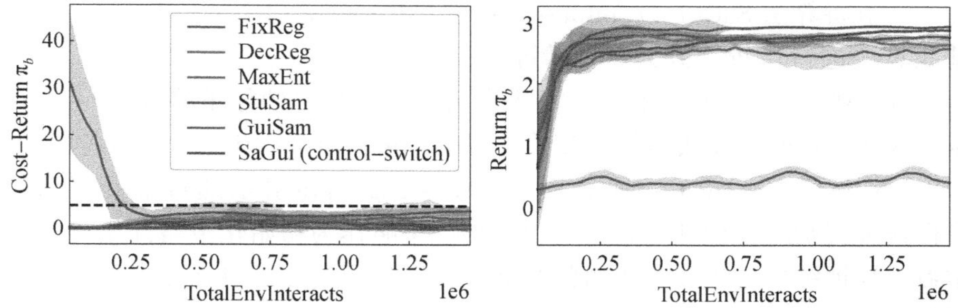

(a) 行为策略

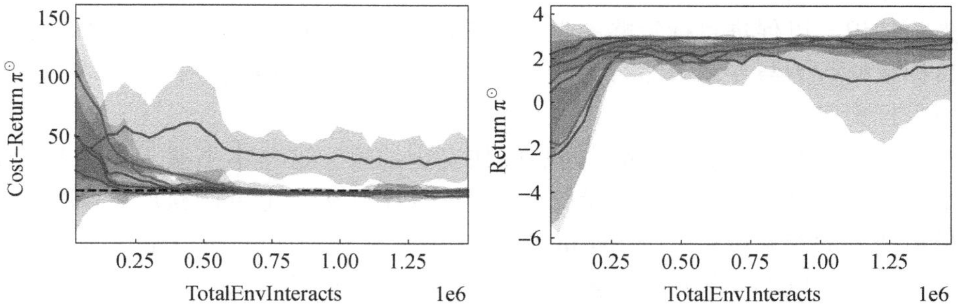

(b) 目标策略

图 5.6　静态环境中的消融试验

（3）安全自适应正则化可促进目标策略收敛。模仿学习先验探索策略的额外奖励有以下几种使用方法：固定额外奖励权重，使其成为要调整的超参数（FixReg）；在训练期间以固定衰减率线性减小额外奖励权重（DecReg）；根据目标策略安全性自适应调整额外奖励权重（SaGui）。图 5.6（a）显示，该权重不会影响智能体安全性，但 FixReg 和 DecReg 都会导致策略性能指标收敛较慢（图 5.6（b））。

（4）复合采样可提高训练安全性和策略最终性能。通过只从先验策略（GuiSam）或目标策略（StuSam）采样，可验证复合采样方法的优势。图 5.6（a）显示，GuiSam 可以确保训练安全，但目标策略始终无法满足安全约束并获得实质的性能提升（图 5.6（b））。与 SaGui 算法相比，StuSam 可快速收敛得到安全目标策略，但在训练的早期阶段未能满足约束。因此，复合采样可避免训练早期的非安全交互，并确保快速收敛得到安全目标策略。

5.4.3 基线算法对比试验

本节将算法 SaGui（control - switch）和 SaGui（linear - decay）与 5 种基线算法进行比较，分为 3 种情况。

零基础学习：SAC - Lag[22]算法为从零开始学习的异策略（Off - Policy）基线算法；CPO[4]算法为从零开始学习的同策略（On - Policy）基线算法。

预训练学习：CPO - pre 算法和 SAC - Lag - pre 算法通过辅助奖励代替目标任务奖励进行预训练，而后由预训练策略作为初始化策略开始目标任务学习。预训练任务主要在于增强智能体探索能力，并与目标任务共享相同的观测空间。

专家干预学习：EGPO[23]算法通过专家策略的形式使用来自目标任务的先验知识，以促进目标策略的学习。EGPO 算法采用了示范及干预机制，当目标策略行为与专家策略行为差异过大时，由专家策略代替目标策略进行环境采样交互。

EGPO 算法在每个离散时间步施加安全约束，这与本书基于累积长期成本的安全定义不同。就专家策略而言，EGPO 算法假定可以获取可高效完成目标任务的专家策略，但 SaGui 策略是在目标任务不可知设定下训练得到的。因此，EGPO 算法的专家策略重点并不在于促进探索，而主要依赖目标任务。相比之下，SaGui 策略可用于不同的目标任务，并增强目标策略的探索能力。即使如此，EGPO 算法也可以通过简单调整以适应本书的问题设定，并作为一种基线算法。EGPO 算法对目标策略行为干预频率的约束可直接转化为的安全约束。此外，也不再对 EGPO 算法的专家干预限制次数。一旦 EGPO 算法的智能体开始采取不安全的行动，专家策略就可以接替控制直到轨迹结束。对于 CPO - pre 算法、SAC - Lag - pre 算法和 EGPO 算法，本章将预训练任务或源任务调整为与目标任务具有相同的观测空间，这也使得这些基线算法与 SaGui 相比具有一些额外的先验知识优势。更进一步，EGPO 算法可以使用针对目标任务训练的策略作为先验，而 SaGui 算法只能获取在目标任务不可知设定下训练得到的策略。通过试验结果分析，可以得到以下结论：

• 训练阶段安全保证。图 5.7 显示 SaGui（control - switch）算法和 EGPO 算法是能够保证训练安全的唯二方法。

• 零基础学习无法保证训练安全，可能会收敛到次优甚至不安全的策略。SAC - Lag 算法和 CPO 算法可以在相对简单的环境（静态和半动态）中学得安全策略，但由于从零开始学习，这两种基线算法在训练早期阶段均违反了安全约束。在动态环境中，SAC - Lag 算法和 CPO 算法均无法学得安全策略。然而，当迁移安全探索策略作为先验后，SaGui (control - switch) 在 SAC - Lag 算法的基础上，在安全和性能之间实现了更好的平衡。

● 预训练无法促进智能体学习。通过预训练，初始化策略并不能提高 CPO - pre 算法和 SAC - Lag - pre 算法的安全性，甚至会产生负面影响。当面临新的奖励信号时，强化学习算法通常很难泛化任务。特别是基于辅助奖励初始化了 Q^r 的 SAC - Lag - pre 算法，很难适应目标任务的奖励信号。

● 目标策略快速收敛。基于可高效完成目标任务的专家策略，EGPO 算法的行为策略在目标任务的整个训练过程中具有很高的回报。然而，SaGui (control - switch) 算法的先验策略虽然是在目标任务不可知设定下训练得到的（图 5.7），但是能快速优化得到回报较高的目标策略。

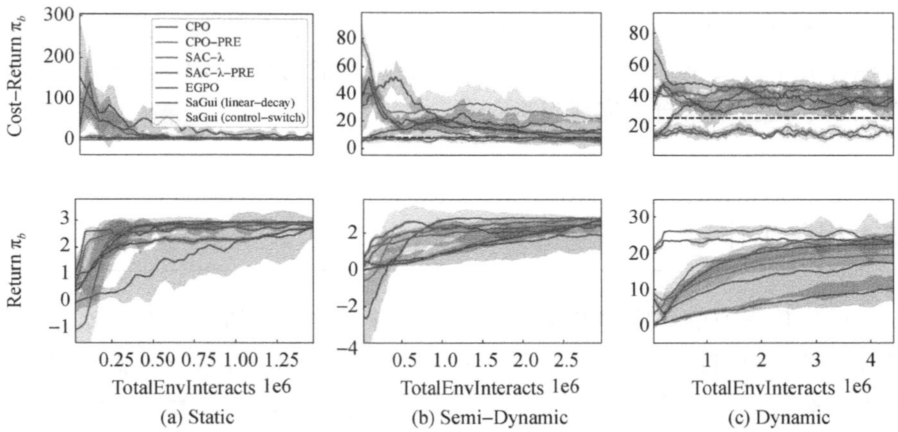

图 5.7　主要算法对比分析

● 策略提炼机制确保了目标策略的安全性。图 5.8 表明 SaGui (control - switch) 算法可以在安全的前提下学得性能良好的目标策略。如果没有 SaGui 算法的策略提炼机制，仅从专家示范中学习的 EGPO 算法无法优化得到安全的目标策略。这表明，使用 SaGui 算法优化得到的目标策略可以最终完全自主完成目标任务，而使用 EGPO 算法得到的策略可能仍需要专家的干预才能完成。

● control - switch 方案比 linear - decay 方案更有效。SaGui (linear - decay) 算法在训练的早期阶段缺少来自 $\pi^{\odot}$ 的同策略样本，无法达到与 SaGui (control - switch) 算法类似的性能。图 5.7 (b) 和图 5.7 (c) 表明线性衰减方案可能无法构建安全的行为策略 π_b。

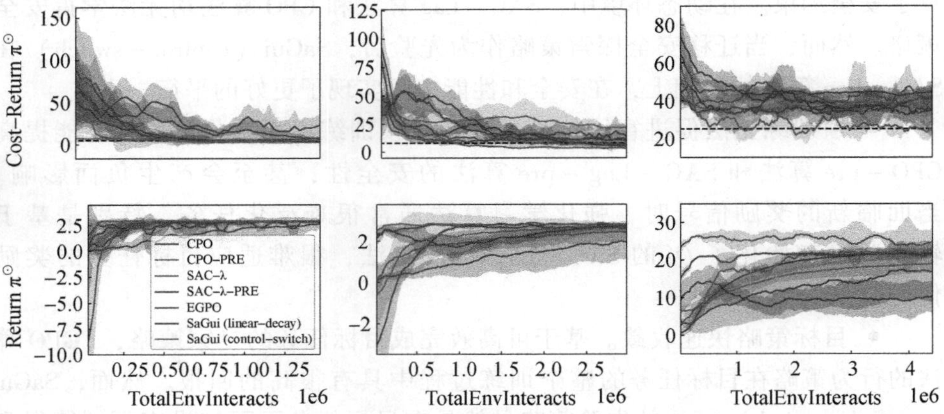

(a) Static (b) Semi−Dynamic (c) Dynamic

图 5.8 主要算法对比分析

总地来说，SaGui（control - switch）算法可以保证在训练过程中不会违反目标任务中的安全约束，并迅速优化得到高性能的目标策略，而且该策略可以独立于先验策略自主完成目标任务。

5.5 相关工作

安全强化学习的研究涉及多个方面[9]，除了本章介绍的安全迁移强化学习模式之外，也可以考虑不同的优化标准[24-25]和不同类型的先验知识，以确保训练阶段的安全[2-4,14,26]。本节将讨论训练先验策略的其他方案，以及如何使用预先训练的策略来适应新任务。

无监督强化学习领域的学者提出了多种算法来优化无奖励模式下的强化学习策略，以促进后续目标任务的学习[27-29]。然而，只有 Miryoosefi 等[11]，Savas 等[30]在离散问题和线性设定下考虑了带约束的无监督强化学习，而本章介绍的算法更多的是面向连续的复杂控制问题，需要引入经典的值函数近似方法来解决。

虽然本章考虑的是一种相对简单的策略来实现丰富的探索，但 SaGui 安全迁移强化学习框架也可直接转化最新的无监督强化学习成果用于训练先验策略。例如，最大化状态密度熵的相关工作[18-20,27,31-34]可以直接应用于本章介绍的 SaGui 算法。另外，为同一问题找到一系列不同的策略也可以改善智能体对环境的探索[35-37]。面对新的先验获取方式，SaGui 框架的迁移模式和组合采样模式简单调整后即可实现对多种不同先验策略的组合利用。

迁移学习也可以利用元强化学习思想[38]来实现对新任务的安全适应[39-41]。另外，SaGui 安全迁移强化学习也与课程学习有关[42-44]。SaGui 算法首先训练得到安全探索策略，然后才专注于解决目标任务。然而，SaGui 算法侧重于安全探索，以及对于不同新任务的快速适应能力，因此先验策略的训练成本可以被忽略。在课程学习模式下，先验策略与目标策略的切换训练时机还需要在未来进行深入的研究。

SaGui 安全迁移强化学习框架还与 SPACE[26]算法相似。SPACE 是一种基于策略约束的强化学习算法，其使用不同的基线策略来辅助智能体更快地学习。在 SPACE 算法中，基线策略通常是可以完成目标任务的次优策略，而 SaGui 策略是在目标任务不可知设定下训练得到的。SaGui 算法在异策略模式下训练目标策略，因此可以使用先验策略进行组合采样；而 SPACE 算法是一种同策略方法，因此只能由目标策略本身进行采样。另外，SPACE 算法假设两个策略的状态空间和动作空间完全一致，因此很难适应不同状态空间的设定。

对于 SaGui 算法的组合采样模式，未来可以进一步探索如何将恢复和屏蔽机制[2,45]等方面的研究与安全先验策略相结合，以优化 SaGui 算法的 control - switch 组合采样模式。虽然使用了先验策略的目标智能体仍然需要独立进行探索，但先验策略可以增强目标智能体的探索能力，加快目标任务的学习。

5.6　结论

本章主要介绍了如何确保训练安全的迁移强化学习方法。SaGui 安全迁移强化学习算法在训练初期主要使用先验策略与环境交互采样，并逐步切换到目标策略。该方法在策略训练的过程中引入了重要性采样比率，消除了组合采样方法构建的行为策略（不同于目标策略）样本的产生的负面影响。另外，为进一步利用先验策略，SaGui 算法通过策略提炼的额外奖励来使目标策略更快地学会如何安全行动。本章的实证分析表明，简单地用安全策略初始化智能体未达到预期效果，甚至不如从零开始学习。如果单独训练专注于目标任务的智能体，并通过策略提炼进行模仿学习，最终可以安全快速地学得可行的目标策略。SaGui 算法通过组合采样方式收集多样化轨迹数据，这大大提高了目标任务学习的样本效率。总之，SaGui 是一种安全且样本效率高的安全迁移强化学习算法，可用于需要训练安全保证的实际任务场景。

5.7 参考文献

[1] ALTMAN E. Constrained Markov decision processes[M]. Boca Raton, Florida: CRC Press, 1999.

[2] ALSHIEKH M, BLOEM R, EHLERS R, et al. Safe reinforcement learning via shielding[C]//Proceedings of the Thirty - Second AAAI Conference on Artificial Intelligence. AAAI Press, 2018: 2669 - 2678.

[3] JANSEN N, KÖNIGHOFER B, JUNGES S, et al. Safe reinforcement learning using probabilistic shields [C]//31st International Conference on Concurrency Theory. Schloss Dagstuhl - Leibniz - Zentrum für Informatik, 2020: 1 - 16.

[4] ACHIAM J, HELD D, TAMAR A, et al. Constrained policy optimization [C]//Proceedings of the 34th International Conference on Machine Learning. PMLR, 2017: 22 - 31.

[5] TESSLER C, MANKOWITZ D J, MANNOR S. Reward constrained policy optimization [C]//7th International Conference on Learning Representations. OpenReview. net, 2019: 1 - 9.

[6] YANG T, ROSCA J, NARASIMHAN K, et al. Projection - based constrained policy optimization[C]//8th International Conference on Learning Representations. OpenReview. net, 2020: 1 - 10.

[7] ZANGER M A, DAABOUL K, ZÖLLNER J M. Safe continuous control with constrained model - based policy optimization [C]//IEEE/RSJ International Conference on Intelligent Robots and Systems IROS. IEEE, 2021: 3512 - 3519.

[8] IGL M, FARQUHAR G, LUKETINA J, et al. Transient non - stationarity and generalisation in deep reinforcement learning[C]//9th International Conference on Learning Representations. OpenReview. net, 2021: 1 - 9.

[9] GARCÍA J, FERNáNDEZ F. A comprehensive survey on safe reinforcement learning[J]. The Journal of Machine Learning Research, 2015, 16(1): 1437 - 1480.

[10] TAYLOR M E, STONE P. Transfer learning for reinforcement learning domains: A survey[J]. The Journal of Machine Learning Research, 2009, 10(56): 1633 - 1685.

[11] MIRYOOSEFI S, JIN C. A simple reward - free approach to constrained reinforcement learning[Z]. 2021.

[12] SCHUITEMA E, WISSE M, RAMAKERS T, et al. The design of LEO: A 2D bipedal walking robot for online autonomous Reinforcement Learning [C]//International Conference on Intelligent Robots and Systems. IEEE, 2010: 3238 - 3243.

[13] XIE Z, CLARY P, DAO J, et al. Learning locomotion skills for Cassie: Iterative design and sim - to - real [C]//3rd Annual Conference on Robot Learning. PMLR, 2019: 317 - 329.

[14] SUI Y, GOTOVOS A, BURDICK J, et al. Safe exploration for optimization with Gaussian processes[C]//Proceedings of the 32nd International Conference on Machine Learning. PMLR, 2015: 997 - 1005.

[15] ZHU Z, LIN K, ZHOU J. Transfer learning in deep reinforcement learning: A survey[Z]. 2020.

[16] LI L, WALSH T J, LITTMAN M L. Towards a unified theory of state abstraction for MDPs [C]//International Symposium on Artificial Intelligence and Mathematics. ISAIM, 2006: 1 - 10.

[17] RAY A, ACHIAM J, AMODEI D. Benchmarking safe exploration in deep reinforcement learning [Z].2019.

[18] SEO Y, CHEN L, SHIN J, et al. State entropy maximization with random encoders for efficient exploration [Z].2021.

[19] SVIDCHENKO O, SHPILMAN A. Maximum entropy model – based reinforcement learning[Z].2021.

[20] HAZAN E, KAKADE S, SINGH K, et al. Provably efficient maximum entropy exploration [C]// Proceedings of the 36th International Conference on Machine Learning. PMLR, 2019:2681 – 2691.

[21] SUTTON R S, MAHMOOD A R, WHITE M. An emphatic approach to the problem of off – policy temporal – difference learning[J]. The Journal of Machine Learning Research, 2016, 17(1):2603 – 2631.

[22] HA S, XU P, TAN Z, et al. Learning to walk in the real world with minimal human effort[Z].2020.

[23] PENG Z, LI Q, LIU C, et al. Safe driving via expert guided policy optimization[C]//Conference on Robot Learning. PMLR, 2022:1554 – 1563.

[24] YANG Q, SIMÃO T D, TINDEMANS S H, et al. WCSAC: Worst – case soft actor critic for safety – constrained reinforcement learning[C]//Thirty – Fifth AAAI Conference on Artificial Intelligence. AAAI Press, 2021:10639 – 10646.

[25] CHOW Y, GHAVAMZADEH M, JANSON L, et al. Risk – constrained reinforcement learning with percentile risk criteria [J]. The Journal of Machine Learning Research, 2017, 18(1):6070 – 6120.

[26] YANG T Y, ROSCA J, NARASIMHAN K, et al. Accelerating safe reinforcement learning with constraint – mismatched baseline policies[C]//International Conference on Machine Learning. PMLR, 2021:11795 – 11807.

[27] ZHANG J, CHEUNG B, FINN C, et al. Cautious adaptation for reinforcement learning in safety – critical settings[C]//Proceedings of the 37th International Conference on Machine Learning. PMLR, 2020:11055 – 11065.

[28] GIMELFARB M, BARRETO A, SANNER S, et al. Risk – aware transfer in reinforcement learning using successor features[Z].2021.

[29] SRINIVASAN K, EYSENBACH B, HA S, et al. Learning to be safe: Deep RL with a safety critic [Z].2020.

[30] SAVAS Y, ORNIK M, CUBUKTEPE M, et al. Entropy maximization for constrained Markov decision processes[C]//56th Annual Allerton Conference on Communication, Control, and Computing. IEEE, 2018:911 – 918.

[31] LEE L, EYSENBACH B, PARISOTTO E, et al. Efficient exploration via state marginal matching [Z].2019.

[32] ISLAM R, AHMED Z, PRECUP D. Marginalized state distribution entropy regularization in policy optimization[Z].2019.

[33] VEZZANI G, GUPTA A, NATALE L, et al. Learning latent state representation for speeding up exploration [Z].2019.

[34] QIN Z, CHEN Y, FAN C. Density constrained reinforcement learning[C]//Proceedings of the 38th International Conference on Machine Learning. PMLR, 2021:8682 – 8692.

[35] GHASEMI M, SCOPE CRAFTS E, ZHAO B, et al. Multiple plans are better than one: Diverse stochastic planning[C]//Proceedings of the International Conference on Automated Planning and Scheduling. AAAI

Press,2021:140 - 148.

[36] KUMAR S, KUMAR A, LEVINE S, et al. One solution is not all you need: Few - shot extrapolation via structured MaxEnt RL[C]//Advances in Neural Information Processing Systems 33. Curran Associates, Inc. ,2020:8198 - 8210.

[37] ZAHAVY T, O'DONOGHUE B, BARRETO A, et al. Discovering diverse nearly optimal policies with successor features[Z]. 2021.

[38] FINN C, ABBEEL P, LEVINE S. Model - agnostic meta - learning for fast adaptation of deep networks[C]//Proceedings of the 34th International Conference on Machine Learning. PMLR, 2017:1126 - 1135.

[39] GRBIC D, RISI S. Safe reinforcement learning through meta - learned instincts [C]//Artificial Life Conference Proceedings: ALIFE 2020: The 2020 Conference on Artificial Life. United States: MIT Press, 2020:183 - 291.

[40] LUO M, BALAKRISHNA A, THANANJEYAN B, et al. MESA: Offline meta - RL for safe adaptation and fault tolerance[Z]. 2021.

[41] LEW T, SHARMA A, HARRISON J, et al. Safe model - based metareinforcement learning: A sequential exploration - exploitation framework[Z]. 2020.

[42] BENGIO Y, LOURADOUR J, COLLOBERT R, et al. Curriculum learning[C]//Proceedings of the 26th Annual International Conference on Machine Learning. ACM, 2009:41 - 48.

[43] TURCHETTA M, KOLOBOV A, SHAH S, et al. Safe reinforcement learning via curriculum induction[C]//Advances in Neural Information Processing Systems 33. Curran Associates, Inc. ,2020:12151 - 12162.

[44] MARZARI L, CORSI D, MARCHESINI E, et al. Curriculum learning for safe mapless navigation [Z]. 2021.

[45] THANANJEYAN B, BALAKRISHNA A, NAIR S, et al. Recovery RL: Safe reinforcement learning with learned recovery zones[J]. IEEE Robotics and Automation Letters, 2021, 6(3):4915 - 4922.

第 6 章
安全无监督探索

本章将介绍一种训练安全探索策略规范化的方式，为 SaGui 安全迁移强化学习提供先验策略。在没有指定任务目标，智能体内在的自发性学习目标通常是广泛地探索环境。然而，促进环境探索必然会带来更多安全风险。因奖励函数缺失，传统强化学习范式无法实现任务未知情况下的安全探索。本章将介绍约束熵最大化（Constrained Entropy Maximization，CEM）算法来解决任务未知情况下的安全探索问题，该问题通常设置有限轨迹长度和对安全成本的非折扣约束。CEM 算法旨在安全前提下最大化策略对应的状态密度熵。为避免在复杂的连续控制问题中直接近似状态密度，CEM 算法利用 k - NN熵估计器来评估智能体实时策略的探索效率。在安全方面，CEM 算法会最大限度地降低安全成本，并根据当前策略评估自适应权衡安全与探索之间的关系。实证分析表明，CEM 算法可以在复杂的连续控制问题中学得安全探索策略，并显著提高目标任务学习的安全性和样本效率。

6.1 引言

在智能体对环境进行彻底探索并找到场景中获得高回报的所有机会之前，其策略性能大概率仍然是次优的。在安全敏感的实际问题中，环境探索依然十分关键，但是不受限制的探索是不可行的[1-2]。例如，在基于强化学习运行智能电力网络时，智能体无限制地探索可能会导致大范围断电[3-4]。在大多数情况下，促进环境探索必然会带来更多安全风险。

许多学习问题可能始于无监督的环境，即没有明确任务的环境。但在这种情况下，智能体可通过探索充分地了解环境，以便更高效地完成各种后续任务。例如，当在 SaGui 安全迁移强化学习框架下使用安全探索策略作为先验时[5]，智能体可以安全快速地适应后续目标任务，尤其是当任务的奖励信号稀疏时。安全探索策略在安全的前提下在状态空间上诱导均匀分布，可以作为解决任何（未知）后续任务的一般起点。本章将重点介绍如何学习这样一种任务不可知的安全探索策略。尽管强化学习领域中任务不可知的探索已经受到广泛关注[6-12]，但如何在安全的前提下促进探索还有待深入研究。

为促进智能体对环境的探索，通常可以依据策略的探索效果构建额外奖励信号以形成激励机制[11,13-24]，其中大多数方法都是基于对状态新颖性的衡量以鼓励智能体进入新的未知状态。然而，这些典型的启发式方法构建的额外奖励并不属于智能体的总体优化目标。这些启发式奖励机制只会短暂地影响学习过程，而不会影响最终结果。为了以更具标准化的方法促进探索[6-12]，本章将智能体探索的目标定义为策略诱导的状态分布对状态空间更均匀的覆盖。通过明确目标为最大化状态密度的熵，学得探索策略的可解释性也将显著提高[11]。

强化学习可通过施加约束来解决安全问题[25-26]。在这种情况下，安全信号与奖励信号分离，不再需要权衡任务目标和安全目标以构建单个奖励函数。然而，当学习的目标是充分探索环境时，设计最大化状态密度熵的传统奖励函数更具难度。考虑额外的安全问题，几乎无法构建一个对安全和探索都合理的单一奖励函数。因此，在任务不可知的安全探索中，必须通过施加约束来解决安全问题。

在经典的安全约束强化学习问题定义中，通常将经过折扣计算的长期累积安全成本限制在预定义的阈值之内[25,27-28]。然而，对于安全敏感的实际场景[29-31]，约束应当是建立在有限轨迹长度内的实际累积成本上的，而非折扣成本。例如，运行自动驾驶车辆的安全约束是基于其实际电池容量构建的，而对电池消耗量进行折扣计算是不符合实际的。

为实现在目标任务未知的情况下对环境安全高效的探索，可通过在安全约束下最大化状态密度的熵来表述该问题。因此，本章介绍了 CEM 算法，该算法利用 k - NN 熵估计器来评估智能体实时策略的探索效率，避免了近似复杂连续控制问题中的全状态密度[6-7]。基于策略实际产生的安全成本，CEM 算法可利用自适应安全权重（拉格朗日乘数）在策略更新期间自动权衡探索和安全，而并不使用该权重构建新的奖励函数。CEM 算法依据经折扣计算的长期累积安全成本计算策略梯度，但根据预定义的安全阈值和实际累积安全成本更新安全权重，从而提升策略的安全性。

总而言之，本章主要介绍一种具有收敛保证的 CEM 算法，用于解决任务不可知的安全探索问题。实证分析表明，CEM 算法可以在复杂的连续控制问题中学得安全探索策略，该策略的迁移将极大促进后续目标任务的学习。

6.2 任务不可知安全探索

本节将定义任务不可知安全探索（Task - Agnostic Safe Exploration, TASE）问题的优化目标和安全约束。在仅存在安全信号但无奖励信号的情况下，智能体的目标是安全高效地探索环境。所获得的具有安全探索能力的策略可作为先验知识，以增强潜在目标任务学习的安全性。

本章所要介绍的约束熵最大化算法主要面向的是安全敏感的实际序贯决策问题，而这些问题所涉及的智能体状态轨迹长度或视界范围通常是有限的，如 Lee 等[6]、Mutti 等[10]研究工作中的问题设定。大多数安全敏感的实际序贯决策问题都具有有限的轨迹长度或视界范围，并且通常约束不经过折扣计算的实际累积安全成本。在这种情况下，只需要依据实际问题定义安全阈值，而不再需要经折扣计算的长期累积安全成本对安全阈值进行二次设计[32]。例如，运行自动驾驶车辆的安全约束可以将其电池容量直接作为安全阈值 d。另外，轨迹长度或视界范围 T 也可以根据要面临的实际目标任务直接指定。然而，当目标任务尚不明确时，T 可以作为权衡探索质量和效率的超参数进行优化。

定义 6.2.1（轨迹长度或视界范围的策略安全） 如果策略 π 在轨迹长度或视界范围 T 上的预期累积安全成本 $\mathbb{E}_{(s_t,a_t)\sim\mathcal{T}_\pi}\left[\sum_{t=0}^{T} c_t\right]$ 保持在安全阈值 d 以下，则该策略 π 是安全的。

在不考虑轨迹内状态序列的情况下，TASE 问题可定义为：在满足安全约束的前提下，最大化策略诱导状态密度的熵，即

$$\begin{aligned}&\max_{\pi\in\Pi}\mathcal{H}(\rho_T^{\pi})\\&\text{s.t.}\ \mathop{\mathbb{E}}_{(s_t,a_t)\sim\mathcal{T}_\pi}\left[\sum_{t=0}^{T} c_t\right]\leqslant d\end{aligned}\tag{6.1}$$

其中，TASE 问题通常假设初始状态空间较小。在这种情况下，任务不可知的安全探索难度将大幅增加。初始状态空间较小意味着 $\mathcal{S}_0$ 处于状态空间 $\mathcal{S}$ 的特定小范围内，即 $|\mathcal{S}_0|\ll|\mathcal{S}|$，$\mathcal{S}_0\subset\mathcal{S}$。如果智能体的状态轨迹可以从任何状态下开始，那么最大化状态密度的熵也将毫无意义。

6.3 约束熵最大化方法

本节将首先阐明当原始环境奖励不存在时，传统基于价值函数的方法不再适用于状态密度熵的优化问题。为了解决 TASE 问题，本节将建立原始问题的对偶问题，然后介绍一种具有收敛保证的 CEM 算法。

6.3.1 传统方法可行性分析

传统强化学习智能体在与环境交互时从奖励信号中学习。本节称这种原始环境奖励信号为外在奖励，而为促进探索而设计的奖励信号为内在奖励。当原始环境奖励信号不存在时，如果可以设计出合理的内在奖励，那么 TASE 问题可以依托传统的强化学习方法来解决。

当学习的目标在于促进智能体对环境的探索，而且外在奖励不存在时，那么 TASE 问题需要一种稳态的固定内在奖励，以激励智能体在标准强化学习框架中对环境进行有效探索。为实现这一目标，可以利用多种不同的内在奖励，例如，基于状态访问频次的探索[14-15]、基于预测的探索[13-17]以及设计辅助探索任务[20-23]。然而，在任务不可知的环境中，这些内在奖励或辅助任务并不能显式地最大化状态密度的熵。尽管算法最终可能通过最大化长期（内在）累积回报实现了更充分的环境探索，但最终形成的探索策略可解释性较差。因此，当无法设计出规范化评估探索的内在奖励时，不适合基于强化学习中的传统优化目标来加强智能体对环境的探索。

6.3.2 约束熵最大化的对偶性

优化长期累积奖励的经典强化学习算法无法直接用来解决式(6.1)所示的 TASE 问题。即使对于约束强化学习问题而言，传统的奖励信号也是必要的。如果没有奖励信号，式（6.1）所示的 TASE 问题是拉格朗日可解问题的对偶。本章将约束 $\mathbb{E}_{(s_t,a_t)\sim\mathcal{J}_\pi}\left[\sum_{t=0}^{T} c_t\right] \leqslant d$ 的拉格朗日乘数表示为 ω：$\Pi \to \mathbb{R}_{\geqslant 0}$。参数 ω 是对当前策略的总体安全评估，不取决于智能体具体的状态或行动。然后，TASE 问题可以转化为

$$\min_{\omega\geqslant 0}\max_{\pi}\mathcal{G}(\pi,\omega) \doteq f(\pi) - \omega g(\pi) \tag{6.2}$$

其中

$$\begin{cases} f(\pi) = \mathcal{H}(\rho_T^\pi) \\ g(\pi) = \mathop{\mathbb{E}}\limits_{(s_t,a_t)\sim\mathcal{T}_\pi}\left[\sum_{t=0}^{T} c_t\right] - d \end{cases} \tag{6.3}$$

因此，可以通过交替更新策略 π 和安全权重 ω 来解决以上约束优化问题。如图 6.1 所示，安全和探索之间的平衡可以通过安全权重 ω 来调整。策略的约束满足度会在每次梯度计算后被重新评估，同时在对偶域中施加安全约束。在优化 π 和 ω 之间交替可以逐渐调整拉格朗日乘数，直到 Karush - Kuhn - Tucker（KKT）条件 $\omega g(\pi)=0$ 被满足为止[33]。在实际优化过程中，算法将在参数化空间 $\Pi_\Theta=\{\pi_\theta:\theta\in\Theta\}$ 内搜索一个策略。理想情况下，式（6.1）的约束优化问题存在两个损失函数，即

$$\begin{cases} J_\pi(\theta) = \omega g(\theta) - f(\theta) \\ J_s(\omega) = -\omega g(\theta) \end{cases} \tag{6.4}$$

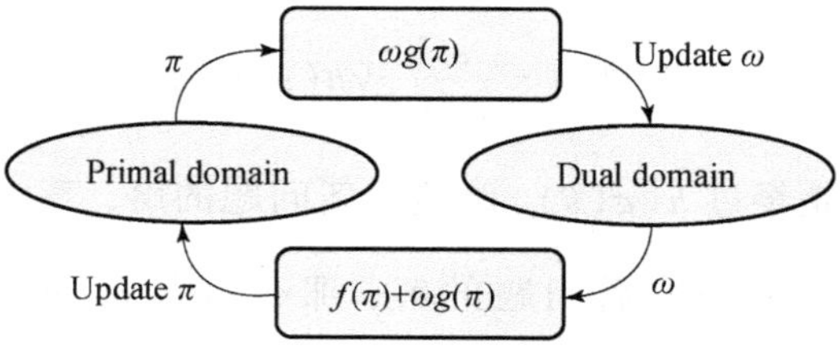

图 6.1　CEM 算法策略优化流程

在算法优化过程中，如果基于 $\mathbb{E}_{(s_t,a_t)\sim\mathcal{T}_\pi}\left[\sum_{t=0}^{T} c_t\right]$ 计算策略梯度，则策略训练过程可能很不稳定。这是因为策略评估的方差很大，特别是对于复杂的长视界问题，这种训练过程不稳定性可能会愈发明显[34-35]。因此，可以通过经折扣计算的长期累积安全成本来进行策略梯度计算，即

$$\bar{g}(\theta) = \mathbb{E}_{(s_t,a_t)\sim\mathcal{T}_{\pi_\theta}}\left[\sum_{t=0}^{\infty} \gamma^t c_t\right] - \bar{d} \tag{6.5}$$

其中，$\bar{d}=\dfrac{d}{T(1-\gamma)}$是安全阈值 d 的折扣近似值（2.2 节）。通过使用 $\bar{g}(\theta)$ 替换 $J_\pi(\theta)$ 中的 $g(\theta)$，可得到调整后的损失函数：

$$J'_\pi(\theta) = \omega\bar{g}(\theta) - f(\theta), \tag{6.6}$$

但策略的约束满足度还是需要通过采样轨迹的实际成本来衡量来衡量，因此 $J_S(\omega)$ 保持与式（6.4）一致。接下来，本节将论证在原始非折扣成本约束被满足前，通过最小化经折扣计算的长期累积安全成本去优化策略 π 是合理的。

定理 6.3.1 设式（6.1）中的约束优化问题是可解的，并且通过最小化损失函数式（6.4）可得其满足 KKT 条件的解 $\mathcal{S}^* = (\theta^*, \omega^*)$。那么，将 $J_\pi(\theta)$ 中的 $g(\theta)$ 替换为 $h(g(\theta))$ 之后，新的约束优化问题解为 $\overline{\mathcal{S}}^* = (\theta^*, \overline{\omega}^*)$，其中 $\overline{\omega}^* = \frac{\omega^*}{h'(0)}$，$h$：$\mathbb{R}\to\mathbb{R}$是一个严格单调递增函数。反之亦然。

证明：对于式（6.1），当 KKT 条件满足时，以下公式成立：

$$\nabla f(\theta^*) - \omega^* \nabla g(\theta^*) = 0$$

根据互补松弛条件，$\omega^* g(\theta^*) = 0$。当 $\omega^* = 0$ 时，约束无效，故替换 $g(\theta)$ 不会影响最终结果。

当 $\omega^* > 0$ 时，$g(\theta^*) = 0$，并且 ω^* 是方程 $\nabla f(\theta^*) = \omega^* \nabla g(\theta^*)$ 的解。当 $h(g(\theta))$ 是严格单调递增函数时，以下公式成立：

$$\nabla h(g(\theta^*)) = h'(g(\theta^*)) \nabla g(\theta^*)$$

因此

$$\nabla f(\theta^*) = \frac{\omega^*}{h'(0)} \nabla h(g(\theta^*))$$

那么，$(\theta^*, \overline{\omega}^*)$ 是经过 $h(g(\theta))$ 调整后新问题的解，其中 $\overline{\omega}^* = \frac{\omega^*}{h'(0)}$。此外，如果 $(\theta^*, \overline{\omega}^*)$ 是调整后问题的解，那么 $(\theta^*, \overline{\omega}^* h'(0))$ 是原始问题式（6.4）的最优解。 □

如果在每次策略梯度计算中，算法都进行同策略（on - policy）采样，并且轨迹长度或视界范围满足 $T \gg 1/(1-\gamma)$，那么 $\overline{g}(\theta)$ 大致是 $g(\theta)$ 的单调递增映射。在这种情况下，以下公式成立：

$$\begin{aligned}
\overline{g}(\theta) &= \mathbb{E}_{(s_t,a_t)\sim\mathcal{T}_{\pi_\theta}}\left[\sum_{t=0}^{\infty} \gamma^t c_t\right] - \overline{d} \\
&\approx \mathbb{E}_{(s_t,a_t)\sim\mathcal{T}_{\pi_\theta}}[c_t] \cdot \sum_{t=0}^{\infty} \gamma^t - \frac{d}{T(1-\gamma)} \\
&= \mathbb{E}_{(s_t,a_t)\sim\mathcal{T}_{\pi_\theta}}[c_t] \frac{1}{(1-\gamma)} - \frac{d}{T(1-\gamma)} \\
&= \mathbb{E}_{(s_t,a_t)\sim\mathcal{T}_{\pi_\theta}}\left[\sum_{t=1}^{T} c_t\right] \frac{1}{T(1-\gamma)} - \frac{d}{T(1-\gamma)} \\
&= \frac{g(\theta)}{T(1-\gamma)}
\end{aligned} \tag{6.7}$$

从以上公式可以看出，$\overline{g}(\theta)$ 大致是 $g(\theta)$ 的仿射函数。因此，依据定理 6.3.1，可以通过对折扣成本回报 $\overline{g}(\theta)$ 进行梯度计算来优化问题式（6.1）中的策略 π，但基于实际成本更新安全权重 ω。

6.3.3 CEM 算法

为处理连续高维域中的约束熵最大化问题式（6.1），本节将介绍 CEM 算法，以在随机可微的参数空间 $\Pi_{\Theta}=\{\pi_{\theta}: \theta \in \Theta\}$ 进行策略优化。算法 7 详细阐述了 CEM 算法。在每次策略梯度计算中，CEM 将在当前策略 θ' 的可信邻域（trust region）内进行一系列优化[36]。因此，给定可信邻域的边界阈值 δ，CEM 算法将解决以下约束优化问题：

算法 7　约束熵最大化算法（CEM）

Require: Initial parameters T, N, δ, λ, k, and d

1: **Initialize**: θ, ω, $\mathcal{D} \leftarrow \varnothing$, $\theta' \leftarrow \theta$
2: **for** each epoch **do**
3:   **for** each environment step **do**
4:     $a_t \sim \pi_{\theta'}(a_t \mid s_t)$ {由当前策略进行轨迹采样}
5:     $c_t \sim c(a_t \mid s_t)$
6:     $s_{t+1} \sim \mathcal{P}(s_{t+1} \mid s_t, a_t)$
7:     $\mathcal{D} \leftarrow \mathcal{D} \cup \{(s_t, a_t, c_t, s_{t+1})\}$
8:   **end for**
9:   $\omega \leftarrow \max(0, \omega + \lambda_{\omega}\hat{g}(\pi_{\theta'}))$ {更新安全权重(6.10)}
10:   **while** $D_{KL}(\rho_T(\theta) \| \rho_T(\theta')) \leqslant \delta$ **do**
11:     $\theta \leftarrow \theta + \lambda_{\pi} \nabla_{\theta} J_{\pi}(\theta)$ {策略梯度计算(式(6.13))}
12:   **end while**
13:   $\theta' \leftarrow \theta$
14:   $\mathcal{D} \leftarrow \varnothing$
15: **end for**

Output: Safe exploration policy π_{θ}

$$
\begin{aligned}
&\max_{\theta \in \Theta} \hat{\mathcal{H}}_k(\rho_T(\theta)) \\
&\text{s. t.} \begin{cases} D_{\mathrm{KL}}(\rho_T(\theta) \| \rho_T(\theta')) \leqslant \delta \\ \mathbb{E}_{(s_t, a_t) \sim \mathcal{T}_{\pi_\theta}} \left[\sum_{t=0}^{T} c_t \right] \leqslant d \end{cases}
\end{aligned} \tag{6.8}
$$

在策略更新之前，可通过策略安全评估来确定安全权重 ω。依据当前的策略参数 θ'，可以采样一系列长度为 T 的轨迹（算法 7，第 3 ~ 8 行）。本章使用 λ_{π} 和 λ_{ω} 分别表示策略 π 和安全权重 ω 的学习率。然后，可以通过以下方式（算法 7，第 9 行）更新安全权重：

$$\omega \leftarrow \max(0, \omega + \lambda_\omega \hat{g}(\pi_{\theta'})) \tag{6.9}$$

其中

$$\hat{g}(\pi_{\theta'}) = \frac{1}{N_T}\sum_{n=0}^{N_T}\left[\sum_{t=0}^{T} c_t \mid (s_t, a_t) \in \mathcal{T}_{\pi_{\theta'}}\right] - d \tag{6.10}$$

其中，N_T 是轨迹数量。然后，可构造策略损失函数：

$$J^\pi(\theta) = J^\mathcal{H}(\theta) + \omega J^C(\theta) \tag{6.11}$$

其中

$$J^\mathcal{H}(\theta) = \hat{\mathcal{H}}_k(\rho_T(\theta) \mid \rho_T(\theta'))$$

$$J^C(\theta) = \mathop{\mathbb{E}}_{(s_t,a_t)\in\mathcal{T}_{\pi_{\theta'}}}\left[\frac{\pi_\theta(a \mid s)}{\pi_{\theta'}(a \mid s)} A_C^{\pi_{\theta'}}(s,a)\right]$$

在到达可信邻域边界之前，即

$$\hat{D}_{\mathrm{KL}}(\rho_T(\theta) \parallel \rho_T(\theta')) > \delta \tag{6.12}$$

算法可以通过以下方式对策略进行多次优化（算法 7，第 10 ~ 12 行），即

$$\begin{aligned}\theta &= \theta + \lambda_\pi \nabla_\theta J^\pi(\theta) \\ &= \theta + \lambda_\pi \nabla_\theta J^\mathcal{H}(\theta) + \lambda_\pi \omega \nabla_\theta J^C(\theta)\end{aligned} \tag{6.13}$$

其中

$$\nabla_\theta J^\mathcal{H}(\theta) = -\sum_{n=1}^{N}\frac{\nabla_\theta W_n}{k}\left(V_n^k + \ln\frac{W_n}{V_n^k}\right)$$

$$\nabla_\theta J^C(\theta) = \frac{1}{N}\sum_{n=1}^{N}\nabla_\theta\left[\frac{\pi_\theta(a_n \mid s_n)}{\pi_{\theta'}(a_n \mid s_n)} A_C^{\pi_{\theta'}}(s_n, a_n)\right]$$

其中，关于 $\nabla_\theta J^\mathcal{H}(\theta)$ 中 IW 熵估计器梯度更新更详细的步骤，请参阅文献[8]中的定理 5.1，但需注意文献[8]中 θ 是在无约束的情况下进行更新[10]。与传统的安全约束强化学习方法相比，CEM 算法利用 ω 来平衡策略探索能力与其安全性，而不是利用 ω 来构建新的奖励函数。

6.3.4 收敛保证

在当前的安全权重为 ω 的情况下，如果算法 7 可以在每个循环中获得最优策略，则基于次梯度方法[37]可保证收敛。然而，在算法实际优化过程中，每个循环中的策略更新都是次优的，且无法避免。受 Qin 等[26]的启发，本节将对 CEM 算法的收敛性进行证明，并分析每个次优策略更新如何影响最终结果，最终推导出算法最优解与实际最优解的距离上限。首先，式(6.1)中的安全约束也可以写成

$$\int_{\mathcal{S}} \rho_T^{\pi}(s) c(s) \mathrm{d}s \leqslant d \tag{6.14}$$

其中，$c(s)$表示状态 s 对应的安全成本。简单起见，令 $\rho = \rho_T^{\pi}$。假设 $\mathcal{H}(\rho)$在模数χ 下是严格凸的。否则，可以向目标函数添加强凸正则化项。因此，有以下拉格朗日函数[38]：

$$\mathcal{G}(\omega) = \min_{\rho} \omega \left[\int_{\mathcal{S}} \rho(s) c(s) \mathrm{d}s - d \right] - \mathcal{H}(\rho) \tag{6.15}$$

之后，算法优化 ω 以达到$\max_{\omega \in \mathcal{B}} \mathcal{G}(\omega)$，其中 $\mathcal{B}$ 是 ω 的可行集，而最优解的集合表示为 $\mathcal{B}^* = \{\omega \mid \mathcal{G}(\omega) = \max_{\omega \in \mathcal{B}} \mathcal{G}(\omega)\}$。对于策略的次优更新，假设$\hat{\rho}$满足

$$\omega \left[\int_{\mathcal{S}} \hat{\rho}(s) c(s) \mathrm{d}s - d \right] - \mathcal{H}(\hat{\rho}) - \mathcal{G}(\omega) \leqslant \epsilon \tag{6.16}$$

安全权重的相应更新为

$$\omega \leftarrow \max(0, \omega + \lambda_{\omega} \nabla \hat{\mathcal{G}}(\omega)) \tag{6.17}$$

其中

$$\nabla \hat{\mathcal{G}}(\omega) = \int_{\mathcal{S}} \hat{\rho}(s) c(s) \mathrm{d}s - d \tag{6.18}$$

对于算法 7 中的第 m 次循环，可将更新前后 ω 的剩余值定义为

$$\hat{e}_{\omega}^{m} = \frac{1}{\lambda_{\omega}} (\omega^{m+1} - \omega^{m}) \tag{6.19}$$

引理 6.3.2　在 CEM 中，如果通过 $\lambda_{\omega} \leqslant \chi$ 对 ω 进行了次优更新，那么

$$\mathcal{G}(\omega^{m+1}) \geqslant \mathcal{G}(\omega^{m}) + \lambda_{\omega} \left(\| \hat{e}_{\omega}^{m} \|^2 - \sqrt{\frac{2\epsilon}{\chi}} \| \hat{e}_{\omega}^{m} \| \right)$$

证明：根据 Rockafellar[39]研究工作中定理 2.2.7 的证明，可得

$$\begin{aligned}
&\mathcal{G}(\omega^{m}) + (\omega' - \omega^{m}) \nabla \mathcal{G}(\omega^{m}) \\
&= \mathcal{G}(\omega^{m}) + (\omega^{m+1} - \omega^{m}) \nabla \mathcal{G}(\omega^{m}) + (\omega' - \omega^{m+1}) \nabla \mathcal{G}(\omega^{m}) \\
&\leqslant \mathcal{G}(\omega^{m}) + (\omega^{m+1} - \omega^{m}) \nabla \mathcal{G}(\omega^{m}) + (\omega' - \omega^{m+1}) \hat{e}_{\omega}^{m} + \sqrt{\frac{2\epsilon}{\chi}} \| \omega' - \omega^{m+1} \| \\
&\leqslant \mathcal{G}(\omega^{m+1}) + (\omega^{m} - \omega^{m+1}) \hat{e}_{\omega}^{m} + (\omega' - \omega^{m}) \hat{e}_{\omega}^{m} + \sqrt{\frac{2\epsilon}{\chi}} \| \omega' - \omega^{m+1} \| \\
&\leqslant \mathcal{G}(\omega^{m+1}) - \lambda_{\omega} \| \hat{e}_{\omega}^{m} \|^2 + (\omega' - \omega^{m}) \hat{e}_{\omega}^{m} + \sqrt{\frac{2\epsilon}{\chi}} \| \omega' - \omega^{m+1} \|
\end{aligned}$$

由于 $\omega' = \omega^{m}$，并且 $\omega^{m+1} - \omega^{m} = \lambda_{\omega} \hat{e} F_{\omega}^{m}$，可得引理结果。□

引理 6.3.2 阐明了$\mathcal{G}(\omega)$的单调性，那么可以推出以下定理。

定理 6.3.3　CEM 算法在进行次优策略更新的情况下，$\hat{\omega}$ 可以收敛满足

$$\min_{\omega' \in \mathcal{B}^*} \| \hat{\omega} - \omega' \| \leqslant \psi \sqrt{\frac{\epsilon}{\chi}}$$

其中，常数 $\psi>0$。在常数 $\zeta>0$ 的情况下，$\mathcal{G}(\hat{\omega})$ 可收敛到其最优值的有界邻域，即

$$\min_{\omega'\in\mathcal{B}^*}\|\mathcal{G}(\hat{\omega})-\mathcal{G}(\omega')\|\leqslant\zeta\frac{\epsilon}{\chi^2}$$

证明：引理 6.3.2 阐明了 $\mathcal{G}(\omega)$ 的单调性。如果 $\hat{e}_{\omega}^{m}>\sqrt{2\epsilon/\chi}$，$\mathcal{G}$ 将单调增加。然而，在次优更新的情况下，存在 $\hat{e}_{\omega}^{m}\leqslant\sqrt{2\epsilon/\chi}$。根据文献［38］的定理 4.1，$\hat{\omega}$ 与 $\mathcal{B}^*$ 之间的距离以恒定常数 κ 线性减小[38]，使得

$$\begin{aligned}\min_{\omega'\in\mathcal{B}^*}\|\omega^m-\omega'\|&\leqslant\kappa\|\omega^{m+1}-\omega^m\|-\|\rho^*-\rho\|\\&\leqslant\kappa\|\omega^{m+1}-\omega^m\|\\&\leqslant\kappa\lambda_{\omega}\hat{e}_{\omega}^{m}\leqslant\kappa\lambda_{\omega}\sqrt{\frac{2\epsilon}{\chi}}\end{aligned}$$

因此，可得常数 $\psi=\sqrt{2}\kappa\lambda_{\omega}$。根据文献［26］中定理 2 的证明[26]，可得

$$\begin{aligned}\mathcal{G}(\hat{\omega})&=\mathcal{G}(\omega')+\int_0^1\nabla\mathcal{G}(\omega'+t(\hat{\omega}-\omega'))\mathrm{d}t(\hat{\omega}-\omega')\\&\leqslant\mathcal{G}(\omega')+\int_0^1\nabla\mathcal{G}(\omega')+\frac{1}{\chi}t(\hat{\omega}-\omega')\mathrm{d}t(\hat{\omega}-\omega')\\&=\mathcal{G}(\omega')+\int_0^1\nabla\mathcal{G}(\omega')(\hat{\omega}-\omega')\mathrm{d}t+\frac{1}{2\chi}\|\hat{\omega}-\omega'\|^2\\&=\mathcal{G}(\omega')+\frac{1}{2\chi}\|\hat{\omega}-\omega'\|^2\end{aligned}$$

然后，可推导得到

$$0\leqslant\mathcal{G}(\hat{\omega})-\mathcal{G}(\omega')\leqslant\frac{1}{2\chi}\|\hat{\omega}-\omega'\|^2$$

因此，可得 $\min_{\omega'\in\mathcal{B}^*}\|\mathcal{G}(\hat{\omega})-\mathcal{G}(\omega')\|\leqslant\zeta\frac{\epsilon}{\chi^2}$，其中 $\zeta=\frac{\psi^2}{2}$。

□

定理 6.3.3 表明即使在次优策略更新的情况下，CEM 算法也能保证策略收敛到最优解的邻域内。

6.4 实证分析

为了在各种 TASE 任务中评估 CEM 算法，本节实证分析的主要内容将包括：①证明 CEM 可以在各种复杂连续控制问题中学得满足安全约束的，并且最大化状态密度熵的策略；②证明 CEM 得到的安全探索策略可显著提高

目标任务学习的安全性和样本效率。

仿真试验环境　首先，本节在 2D 机器人导航环境 BasicNav（2D 状态空间，图 6.2（a））中对策略的安全探索效果进行评估，其中智能体在运动过程中应避免地图中心的危险区域。然后，试验将在两个经典环境下进行：MountainCar（2D 状态空间，图 6.2(b)）和 CartPole（四维状态空间，图 6.2(c)）。由于附加的安全约束，这两个环境与 OpenAI Gym[40] 中的原始版本不同。在 MountainCar 中，安全约束是 Car 智能体不能向左过分运动（由图 6－2（b)中的红线表示)，智能体每跨过左侧红线 1 次产生的安全成本为 1。在 CartPole 中，安全约束是将智能体停留在特定的区域。最后，试验将在 Safety Gym[41－42] 中的两个复杂连续控制环境进行：PointGoal（36D 状态空间，图 6.2(d)），CarButton（56D 状态空间，图 6.2(e)）。在 PointGoal 中，需控制 Point 机器人在 2D 地图中导航以达到目标，同时应避免触碰易碎物品或进入危险区域。在 CarButton 中，需控制一个更复杂的 Car 机器人按下正确的按钮，同时应避开错误的按钮、移动物体和危险区域。在所有环境中，如果不安全交互发生，$c=1$，否则 $c=0$。所有试验都将在不同的随机种子运行 10 次，绘制的试验结果将显示所有运行的平均值和标准偏差。

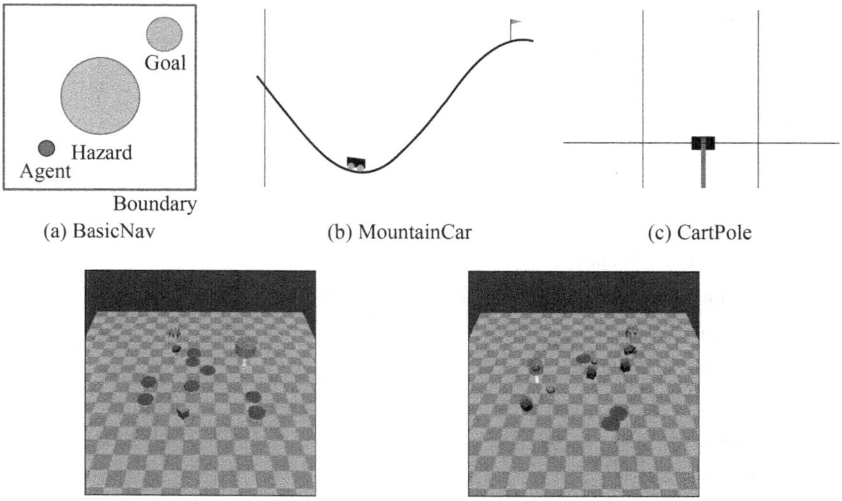

(a) BasicNav　(b) MountainCar　(c) CartPole

(d) PointGoal　(e) CarButton

图 6.2　不同复杂程度的安全探索任务

环境搭建　PointGoal 和 CarButton 环境由 Safety Gym 工具（https://github.com/openai/safety－gym/blob/master/safety_gym/envs/engine.py）搭建[42]。环境搭建可通过配置文件指定地图的大小、机器人的类型、要完成

的任务、目标的位置和尺寸、智能体可接收的信号、危险区域的位置和尺寸等环境信息。因此，可以通过以下方式搭建环境：

```
import safety_gym
from gym. envs. registration import register

register( id = 'PG - v0'/'CB - v0', entry_point = 'safety_gym. envs. mujoco: Engine', kwargs =
    {'config': config_pg/config_cb})

config_pg = {'task': 'goal',
    'robot_base': 'xmls/point. xml',
    'observe_goal_lidar': True,
    'observe_box_lidar': True,
    'lidar_max_dist': 3,
    'lidar_num_bins': 8,
    'goal_size': 0.3,
    'goal_keepout': 0.305,
    'hazards_size': 0.2,
    'hazards_keepout': 0.1,
    'constrain_hazards': True,
    'observe_hazards': True,
    'observe_vases': True,
    'placements_extents': [-1.5, -1.5, 1.5, 1.5],
    'hazards_num': 8,
    'vases_num': 1}

config_cb = {'task': 'button',
    'robot_base': 'xmls/car. xml',
    'observe_goal_lidar': True,
    'observe_box_lidar': True,
    'lidar_max_dist': 3,
    'lidar_num_bins': 8,
    'buttons_num': 3,
    'buttons_size': 0.1,
    'buttons_keepout': 0.1,
    'observe_buttons': True,
    'hazards_size': 0.2,
    'hazards_keepout': 0.1,
    'gremlins_travel': 0.1,
```

```
'gremlins_keepout': 0.1,
'constrain_hazards': True,
'constrain_buttons': True,
'constrain_gremlins': True,
'observe_hazards': True,
'observe_gremlins': True,
'placements_extents': [-1.5, -1.5, 1.5, 1.5],
'hazards_num': 3,
'gremlins_num': 3}
```

超参数　表 6.1 和 6.2 列出了 CEM 算法中使用的主要超参数。SAC - Lag 算法使用了 https://github.com/openai/safety - starter - agents 中的默认超参数。对于 MEPOL 算法，除了安全相关参数外，基本使用了与 CEM 算法相同的参数。CEM 算法中长期累积安全成本的折扣系数设置为 $\gamma = 0.99$。在所有试验中，达到可信邻域阈值的最大迭代次数为 30，策略网络和价值网络中的激活函数为 ReLU。安全约束 d 则依据具体的环境任务进行设置。关于安全迁移强化学习效果的评估，本节使用了 SaGui 在动态环境下的超参数（表 5.1）。本节的所有试验都将在 Intel(R) Xeon(R) CPU@3.50GHz 和 16 GB内存的计算机运行。

表 6.1　CEM 中的超参数汇总

Parameter	BasicNav	MountainCar	CartPole	Note
Number of epochs	200	300	300	
Number of neighbors	50	4	4	k
Safety constraint	10	0.5	5	d
Learning rate of policy	0.00001	0.0001	0.0001	λ_π
Learning rate of safety	0.001	0.01	0.01	λ_ω
Trajectory length	1200	400	300	T
Trust - region threshold	1.0	0.5	0.5	δ
Size of policy networks	[300, 300]	[300, 300]	[300, 300]	π
Size of value networks	[64, 64]	[64, 64]	[64, 64]	V_C

表 6.2 CEM 中的超参数汇总

参数	PointGoal	CarButton	备注
Number of epochs	500	500	
Number of neighbors	4	4	k
Safety constraint	25	25	d
Learning rate of policy	0.00001	0.00001	λ_π
Learning rate of safety	0.01	0.01	λ_ω
Trajectory length	500	500	T
Trust – region threshold	0.1	0.1	δ
Size of policy networks	[400, 300]	[400, 300]	π
Size of value networks	[64, 64]	[64, 64]	V_C

6.4.1 安全探索能力评估

在训练期间，智能体无法获取外部环境奖励，即 $r(s,a)=0, \forall s \in \mathcal{S}, a \in \mathcal{A}$。在这种情况下，可根据策略对应的熵值 $\hat{\mathcal{H}}_k(\rho_T(\theta))$ 和每条轨迹的平均安全成本来评估策略的探索效率和安全性。本节所涉及的熵估计器超参数 k 是经过精细调整的，以保证其合理性能。另外，探索轨迹长度 T 由每个特定环境中智能体的潜在目标任务来确定。为评估 CEM 算法在安全探索任务中的表现，本节将 CEM 算法与三类算法进行了比较：

MEPOL 为了展示智能体在不考虑任何安全问题的情况下探索环境的能力，本节试验将 MEPOL 作为基线算法，该算法在不受安全约束的情况下最大化状态密度的熵[10]。

SAC – Lag – RF SAC – Lag[43] 也可以作为环境探索的基线算法。当设置 $r(s,a)=0: \forall s \in \mathcal{S}, a \in \mathcal{A}$ 时，SAC – Lag 算法可在安全约束下最大化策略熵，而非直接优化状态密度熵。

SAC – Lag – IR 受文献［9］相关工作中异策略算法的启发，为实现高效探索，可引入辅助奖励 $r(s):=\log(\| s - s^{k\text{-NN}} \|_2 + 1)$，以进一步增强 SAC – Lag[43] 框架下学得策略的探索能力[11]。

如图 6.3 所示，与 SAC – Lag – RF、SAC – Lag – IR 和 CEM 等算法相比，MEPOL 算法可以在所有环境中学得具有高状态密度熵值的策略，但其不满足安全约束。在复杂的连续控制环境中，SAC – Lag – RF 算法和 SAC – Lag –

IR 算法都可以收敛到安全策略。在经典的控制环境 MountainCar 和 CartPole 中，两种 SAC – Lag 算法也可以显著提升状态密度的熵，但在 BasicNav（图 6.3(a)）、PointGoal（图 6.3(d)）和 CarButton（图 6.3(e)）中效果较差。总的来说，由于添加了额外的内在奖励，SAC – Lag – IR 比 SAC – Lag – RF 获得了更高的状态密度熵。与所有基线算法相比，只有 CEM 算法学得的策略最终在兼顾安全的同时，取得了较好的探索效果。

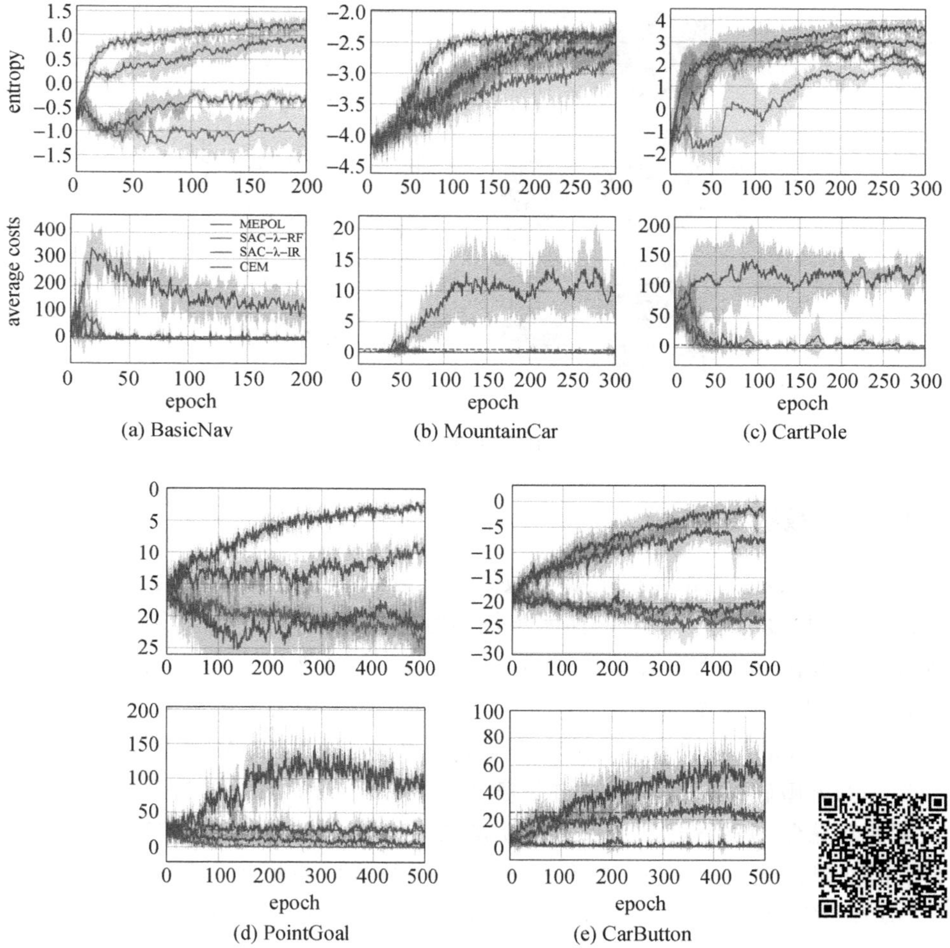

(a) BasicNav　(b) MountainCar　(c) CartPole

(d) PointGoal　(e) CarButton

图 6.3　主要算法探索能力与安全性对比分析

训练后，本节利用图 6.4 中的热度图来展示最终策略在 BasicNav、MountainCar 和 CartPole 等三个环境中的探索效果。CartPole 中的状态是 4D 的，但本节的热度图只展示了 cart 位置和杆角度等两个维度。从热度图可以看出，MEPOL

算法得到的策略可以在所有环境中实现高效探索。然而，不安全的区域也会被智能体的轨迹覆盖。另外，两种 SAC - Lag 方法在探索方面过于保守。尽管 SAC - Lag - IR 算法的效果优于 SAC - Lag - RF 算法，但智能体轨迹无法充分覆盖安全区域，这在 BasicNav 和 CartPole 两个环境中尤为明显。只有 CEM 算法能在所有环境中有效地探索安全区域。

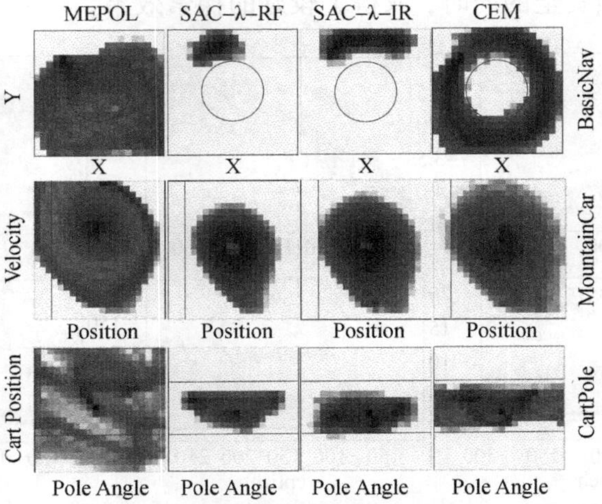

图 6.4　最终策略探索能力分析

6.4.2　参数敏感性

本节将展示 CEM 算法主要参数 k（熵估计器的近邻数）、T（有限视界范围/轨迹长度）和 δ（确定梯度步长的可信邻域阈值）如何影响学习过程。为此，本节在 BasicNav 环境中进行一组实验，每次改变一个参数，以分析状态密度熵和安全成本的变化。

图 6.5（a）显示，无论是在探索还是安全方面，CEM 算法对熵估计器的近邻数 k 敏感性较低。就轨迹长度 T（图 6.5(b)）而言，与设置较长轨迹长度的算法学习过程相比，较短的轨迹长度会使得智能体优化探索的学习变慢，但如果设置更大的 T，则获得安全策略的难度将增加。另外，较高的可信邻域阈值 δ 会对学习稳定性产生负面影响，但较小的 δ 会使智能体在安全方面的学习进程变得非常缓慢（图 6.5(c)）。

6.4.3　安全迁移学习的评估

本节将评估 CEM 算法学得的策略如何提高目标任务学习的安全性和样本效率。对于策略安全性，本节使用智能体与环境交互过程中产生的安全成

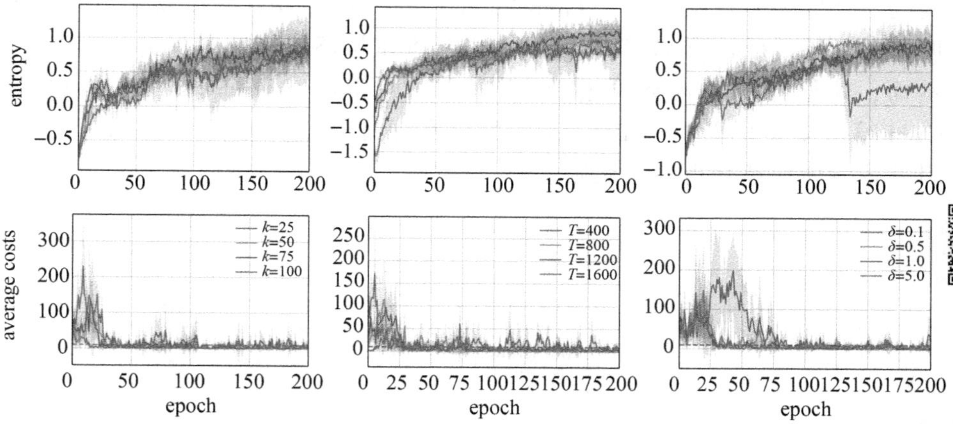

(a) Number of neighbors k　　(b) Trajectory length T　　(c) Trust–region threshold δ

图 6.5　CEM 算法参数 $\langle k, T, \delta \rangle$ 敏感性分析

本作为评估标准。对于策略性能，本节在每轮之后进行 100 次额外策略测试并计算平均累积奖励。在目标任务中，智能体可获取外部环境奖励信息。而后，可利用安全探索策略在 SaGui 模式下进行迁移学习[5]，其主要包含两种迁移机制：

- 对目标策略的安全性进行评估，以此作为目标策略向安全探索策略正则化的依据；
- 当目标策略欲开始采取不安全的动作时，使用安全探索策略作为恢复策略。

为分析安全探索策略如何影响目标任务的学习，本节使用 CEM 算法学得的策略来代表在安全和探索之间保持良好平衡的先验策略（Balance）。为进行比较，本节使用 MEPOL 算法学得的策略来表示不安全，但可以在状态空间上进行了高效探索的先验策略（OverExplore）。在使用该策略的情况下，由于备用策略并不安全，所以 SaGui 框架将停用先验策略恢复机制，以进行公平的比较。另一方面，本节使用 SAC - Lag - RF 学得的策略来表示安全的，但在环境探索方面非常保守的先验策略（OverlySafe）。除此之外，本节还将从零开始学习的智能体（FromCratch）作为基线进行比较。

图 6.6 展示了安全探索策略如何影响目标任务学习的安全性和样本效率。在 PointGoal 环境中，智能体需要规避非安全区域进行轨迹规划以达到目标区域；在 CarButton 中，智能体需要规避障碍物与非安全区域并按下正确的按钮。从图 6.6 可以观察到，不同的安全探索策略以不同的方式对目标任务学习产生影响。OverExplore 策略指导的智能体可快速学习获得高额

奖励，但与从头开始学习（FromCratch）的智能体相比，在安全方面没有明显的优势。OverlySafe 策略可以使智能体在与环境交互时保持绝对安全。然而，其整体的学习效果相比于从头开始学习（FromCratch）要更差。CEM 算法学得的策略（Balance）可以在保证智能体训练安全的情况下，引导智能体快速获得高额奖励。

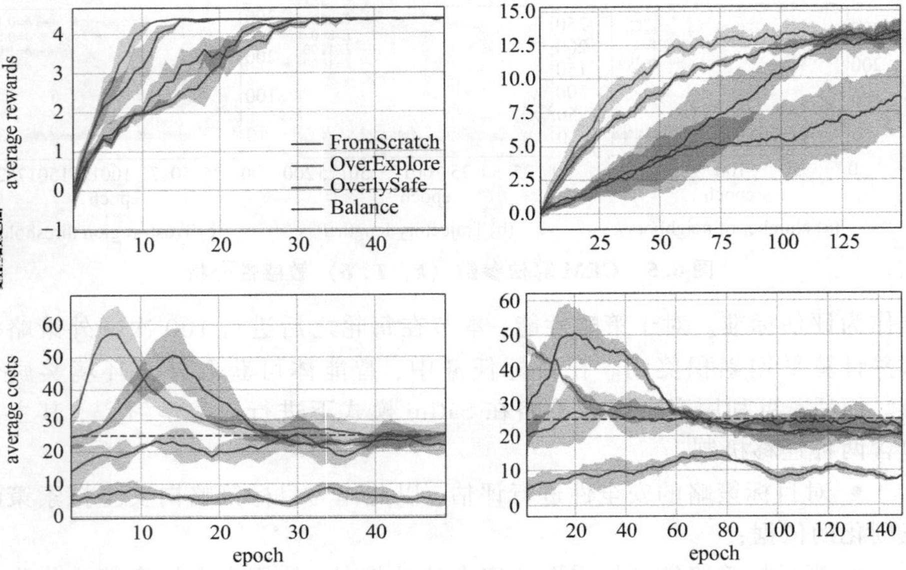

(a) PointGoal (b) CarButton

图 6.6 安全探索策略对目标任务的影响分析

6.5 相关工作

任务不可知的环境探索主要可以从三个不同的方向进行研究，即估计环境动力学模型[44-45]、学习可迁移的元奖励函数[46-47]以及学习有效的环境探索策略[6-7,10,48-49]，以上方法都可以在没有奖励信号的情况下有效探索环境，并获取环境信息。然而，当前的这些问题模型还未引入安全约束，并在此基础上研究求解算法。现实世界中的目标任务一般都是安全敏感的，而本章介绍的方法可以在安全的前提下实现对环境的有效探索，这点对于安全敏感的实际问题非常关键。

在某种程度上，SAC - Lag 算法也可以用于解决任务不可知的安全探索问题。通过最大化策略熵，SAC – Lag 算法训练的智能体倾向于在同一状态下多样化行为选择，但这并不意味着对环境的有效探索。有了额外的内在奖励，可以增强 SAC – Lag 算法的环境探索能力[5]。然而，这种内在奖励并不显式地优化环境探索，可解释性较差[25,27–28]。Achiam 等[25]、Liu 等[27]、Yang 等[28]提出了一系列约束策略优化方法，其中约束是基于经折扣计算的长期累积安全成本构建的，而不是有限轨迹长度内的实际安全成本。为了在本章的问题设定中应用这些方法，还需要进一步研究如何处理这些不同的优化目标和约束。

6.6　结论

本章介绍了 CEM 算法，以完全无奖励的模式解决约束熵最大化问题，并获得可迁移至目标任务的安全探索策略。本章的模型将问题表述为无折扣的有限序列，这可以避免基于折扣的长期安全成本设计安全阈值的问题。为了权衡环境探索与策略安全，CEM 算法根据未折扣的实际成本自适应地改变安全权重。据此，可以在每次梯度计算中在当前策略的置信区域内进行策略优化。即使在复杂的连续控制问题中，学得策略也可以在安全的前提下具备高效的探索能力，并通过迁移大大增强了目标任务学习的样本效率和安全性。为解决更复杂的安全敏感问题，未来还可以进一步探索如何抽象状态空间，以更高效的方式简化状态密度熵估计[8,11–12]。

6.7　参考文献

[1] DULAC – ARNOLD G, LEVINE N, MANKOWITZ D J, et al. Challenges of real – world reinforcement learning: Definitions, benchmarks and analysis [J]. Machine Learning, 2021, 110(9): 2419 – 2468.

[2] GARCíJ, FERNáDEZ F. A comprehensive survey on safe reinforcement learning[J]. The Journal of Machine Learning Research, 2015, 16(1): 1437 – 1480.

[3] MAROT A, DONNOT B, ROMERO C, et al. Learning to run a power network challenge for training topology controllers[J]. Electric Power Systems Research, 2020, 189: 106635.

[4] SUBRAMANIAN M, VIEBAHN J, TINDEMANS S H, et al. Exploring grid topology reconfiguration using a simple deep reinforcement learning approach[C]//2021 IEEE Madrid PowerTech. IEEE, 2021: 1 – 6.

[5] YANG Q, SIMÃ T D, JANSEN N, et al. Training and transferring safe policies in reinforcement learning [C]//AAMAS 2022 Workshop on Adaptive Learning Agents. 2022.

[6] LEE L, EYSENBACH B, PARISOTTO E, et al. Efficient exploration via state marginal matching [Z]. 2019.

[7] HAZAN E, KAKADE S, SINGH K, et al. Provably efficient maximum entropy exploration[C]//Proceedings of the 36th International Conference on Machine Learning. PMLR, 2019: 2681 - 2691.

[8] TAO R Y, FRANCOIS - LAVET V, PINEAU J. Novelty search in representational space for sample efficient exploration[C]//Advances in Neural Information Processing Systems, 2020, 33: 8114 - 8126.

[9] BADIA A P, SPRECHMANN P, VITVITSKYI A, et al. Never give up: Learning directed exploration strategies[C]//International Conference on Learning Representations. 2019.

[10] MUTTI M, PRATISSOLI L, RESTELLI M. Task - agnostic exploration via policy gradient of a non - parametric state entropy estimate[C]//Proceedings of the AAAI Conference on Artificial Intelligence. 2021(35): 9028 - 9036.

[11] SEO Y, CHEN L, SHIN J, et al. State entropy maximization with random encoders for efficient exploration[Z]. 2021.

[12] LIU H, ABBEEL P. Behavior from the void: Unsupervised active pretraining[C]//Advances in Neural Information Processing Systems, 2021, 34: 18459 - 18473.

[13] STADIE B C, LEVINE S, ABBEEL P. Incentivizing exploration in reinforcement learning with deep predictive models[Z]. 2015.

[14] BELLEMARE M, SRINIVASAN S, OSTROVSKI G, et al. Unifying countbased exploration and intrinsic motivation[C]//Advances in Neural Information Processing Systems. 2016.

[15] OSTROVSKI G, BELLEMARE M G, OORD A, et al. Count - based exploration with neural density models[C]//International Conference on Machine Learning. PMLR, 2017: 2721 - 2730.

[16] TANG H, HOUTHOOFT R, FOOTE D, et al. # exploration: A study of countbased exploration for deep reinforcement learning[C]//Advances in Neural Information Processing Systems. 2017.

[17] PATHAK D, AGRAWAL P, EFROS A A, et al. Curiosity - driven exploration by self - supervised prediction[C]//International Conference on Machine Learning. PMLR, 2017: 2778 - 2787.

[18] HAARNOJA T, ZHOU A, ABBEEL P, et al. Soft actor - critic: Off - policy maximum entropy deep reinforcement learning with a stochastic actor[C]//Proceedings of the 35th International Conference on Machine Learning. PMLR, 2018: 1861 - 1870.

[19] HAARNOJA T, ZHOU A, HARTIKAINEN K, et al. Soft actor - critic algorithms and applications[Z]. 2018.

[20] FOX L, CHOSHEN L, LOEWENSTEIN Y. Dora the explorer: Directed outreaching reinforcement action - selection[C]//International Conference on Learning Representations. 2018.

[21] SUN Y, DUAN Y, GONG H, et al. Learning low - dimensional state embeddings and metastable clusters from time series data[C]//Advances in Neural Information Processing Systems. 2019.

[22] PATHAK D, GANDHI D, GUPTA A. Self - supervised exploration via disagreement[C]//International Conference on Machine Learning. PMLR, 2019: 5062 - 5071.

[23] BURDA Y, EDWARDS H, PATHAK D, et al. Large - scale study of curiositydriven learning[C]//International Conference on Learning Representations. 2019.

[24] BURDA Y, EDWARDS H, STORKEY A, et al. Exploration by random network distillation[C]//International Conference on Learning Representations. 2019.

[25] ACHIAM J, HELD D, TAMAR A, et al. Constrained policy optimization[C]//Proceedings of the 34th International Conference on Machine Learning. PMLR, 2017: 22 - 31.

[26] QIN Z, CHEN Y, FAN C. Density constrained reinforcement learning[C]//Proceedings of the 38th International Conference on Machine Learning. PMLR, 2021: 8682 - 8692.

[27] LIU Y, DING J, LIU X. IPO: Interior - point policy optimization under constraints[C]//Proceedings of the AAAI Conference on Artificial Intelligence. 2020: 4940 - 4947.

[28] YANG T, ROSCA J, NARASIMHAN K, et al. Projection - based constrained policy optimization[C]// 8th International Conference on Learning Representations. OpenReview. net, 2020: 1 - 10.

[29] JARDINE A K, LIN D, BANJEVIC D. A review on machinery diagnostics and prognostics implementing condition - based maintenance[J]. Mechanical Systems and Signal Processing, 2006, 20(7): 1483 - 1510.

[30] BOUTILIER C, LU T. Budget allocation using weakly coupled, constrained markov decision processes [Z]. 2016.

[31] DE NIJS F, SPAAN M, DE WEERDT M. Best - response planning of thermostatically controlled loads under power constraints[C]//Proceedings of the AAAI Conference on Artificial Intelligence: Vol. 29. 2015.

[32] WALRAVEN E, SPAAN M T J. Column generation algorithms for constrained pomdps[J]. Journal of Artificial Intelligence Research, 2018, 62: 489 - 533.

[33] GORDON G, TIBSHIRANI R. Karush - kuhn - tucker conditions[J]. Optimization, 2012, 10(725/36): 725.

[34] KAKADE S M. A natural policy gradient[C]//Advances in Neural Information Processing Systems. 2001.

[35] PETERS J, BAGNELL J A. Policy gradient methods[J]. Scholarpedia, 2010, 5(11): 3698.

[36] SCHULMAN J, LEVINE S, ABBEEL P, et al. Trust region policy optimization[C]//Proceedings of the 32nd International Conference on Machine Learning. JMLR, 2015: 1889 - 1897.

[37] BOYD S, XIAO L, MUTAPCIC A. Subgradient methods[Z]. 2003.

[38] LUO Z Q, TSENG P. On the convergence rate of dual ascent methods for linearly constrained convex minimization[J]. Mathematics of Operations Research, 1993, 18(4): 846 - 867.

[39] ROCKAFELLAR R T. Convex analysis[M]. Princeton, New Jersey: Princeton University Press, 1970.

[40] BROCKMAN G, CHEUNG V, PETTERSSON L, et al. Openai gym[Z]. 2016.

[41] TODOROV E, EREZ T, TASSA Y. Mujoco: A physics engine for model - based control[C/OL]//2012 IEEE/RSJ International Conference on Intelligent Robots and Systems. 2012: 5026 - 5033. DOI: 10.1109/IROS. 2 012. 6386109.

[42] RAY A, ACHIAM J, AMODEI D. Benchmarking safe exploration in deep reinforcement learning [Z]. 2019.

[43] HA S, XU P, TAN Z, et al. Learning to walk in the real world with minimal human effort[Z]. 2020.

[44] JIN C, KRISHNAMURTHY A, SIMCHOWITZ M, et al. Reward - free exploration for reinforcement learning[C]//International Conference on Machine Learning. PMLR, 2020: 4870 - 4879.

[45] TARBOURIECH J, SHEKHAR S, PIROTTA M, et al. Active model estimation in Markov decision processes[C]//Conference on Uncertainty in Artificial Intelligence. PMLR, 2020: 1019 - 1028.

[46] BECHTLE S, MOLCHANOV A, CHEBOTAR Y, et al. Meta learning via learned loss[C]//2020 25th

International Conference on Pattern Recognition. IEEE, 2021: 4161 - 4168.

[47] ZHENG Z, OH J, HESSEL M, et al. What can learned intrinsic rewards capture? [C]//International Conference on Machine Learning. PMLR, 2020: 11436 - 11446.

[48] TARBOURIECH J, LAZARIC A. Active exploration in Markov decision processes [C]//The 22nd International Conference on Artificial Intelligence and Statistics. PMLR, 2019: 974 - 982.

[49] MUTTI M, RESTELLI M. An intrinsically - motivated approach for learning highly exploring and fast mixing policies [C]//Proceedings of the AAAI Conference on Artificial Intelligence: Vol. 34. 2020: 5232 - 5239.

第四部分

结　　语

第 7 章
结论

本书主要研究了阻碍强化学习推广应用的两个关键问题。首先，由于强化学习策略的随机性和环境的动态性，长期累积安全分布服从某种分布而非单一数值。因此，为限制极端结果的发生频率，需要对策略进行不确定性分析。本书通过具体问题的不同风险要求来定义安全，并介绍了可实现风险控制的安全约束强化学习算法。其次，许多现实世界的强化学习问题无法实现高精度仿真模拟，因此与真实环境的直接交互不可避免。在这种情况下，训练期间智能体与环境的交互安全需要得到保证。然而，如果智能体在无先验的情况下从零开始学习，那么，训练期间的绝对安全无法得到保证。本书介绍了具备训练安全保证的安全迁移强化学习框架，以及获取有效先验的规范化方法。针对 1.4 节提出的关键问题，7.1 归纳了本书的具体解决方案，并总结了这些研究成果对安全强化学习领域的现实意义；7.2 节则详细阐述了书中研究工作的局限性，并展望了安全强化学习领域未来的重点研究方向；7.3 节探讨了阻碍深度强化学习推广应用的其他方面。

7.1 关键结论

本书的相关内容主要面向两个对强化学习实际应用至关重要的安全问题，介绍了安全约束强化学习问题的模型，以及相应的算法。这些模型的建立和算法的设计更加契合深度强化学习进一步推广应用的现实需求（1.4 节）。本书涉及的模型和算法涵盖了安全强化学习的智能体训练与部署阶段，而且这些不同的模型和算法之间可以相互补充。利用面向风险规避约束强化学习的 WCSAC 算法，可以学习不同风险水平下的安全策略，但无法保证训练期间的安全。但是，SaGui 安全迁移强化学习框架可以利用安全探索策略作为先验，确保训练期间的安全。在不同的实际问题中，这些算法可以单独使用或组合使用。以下将简要总结本书的关键结论：

如何在安全约束强化学习中控制风险并确保训练安全？

本书研究的总体目标是在安全约束强化学习中控制风险并确保训练安全，以促进强化学习在现实世界中的应用。然而，书中内容不可能涵盖现实世界强化学习应用的所有关键因素。因此，本书主要选择了两个关键角度来回答这一主要问题，即安全约束强化学习中的风险控制和训练期间的安全保证，并将其分解为四个更加详细的子问题。

如何建模安全强化学习中的风险控制问题？

本书第 3 章主要对安全强化学习中的风险控制问题进行了建模，并分析了传统约束强化学习模型的安全风险。在大多数情况下，由于策略的随机性和环境的动态性，长期累积安全成本服从某种分布而非单一数值。因此，在不进行分布近似的情况下，经典约束强化学习算法学得的策略无法掌握潜在的安全风险。为了降低强化学习策略的安全风险，需要对长期累积安全成本的不确定性进行评估。在给定风险水平的情况下，第 3 章介绍的约束强化学习模型基于成本分布的上尾部（条件风险值 CVaR）来重新定义安全性。通过这种方式，算法可以在不同的风险水平下优化策略，并有效实现安全风险规避。

如何在安全的前提下进行策略优化？

本书第 3 章和第 4 章介绍了两种 WCSAC 算法，以不同的方法来近似长期累积安全成本的分布，即高斯近似法和分位数回归法。高斯近似法原理简单且易于实现，但存在低估安全成本的风险；分位数回归法可以对分布进行更加精确的估计，但计算复杂度相对较高。在给定的风险水平下，WCSAC 算法可基于分布近似计算条件风险值 CVaR，并自适应优化安全权重，从而实现奖励和安全之间的平衡。最后，WCSAC 算法可以优化得到在特定风险水平下满足安全约束的策略。实证分析表明，与传统约束强化学习方法相比，两种版本的 WCSAC 都获得了更好的风险控制，而分位数回归版本在复杂环境中具有更好的适应性。

如何通过迁移安全探索策略来确保训练安全？

本书第 5 章介绍了 SaGui 安全迁移强化学习方法，该方法通过迁移安全探索策略确保训练安全，并提高目标任务学习的样本效率。在无奖励环境中训练的安全探索策略可以作为解决任何（未知）后续目标任务的一般起点。在目标任务中，策略训练期间不允许违反安全约束。因此，安全探索策略被用来构建安全行为策略，而该策略与环境直接交互。当目标策略不可靠时，算法会将其向安全探索策略正则化，并随着训练的进行逐步消除先验的影响。实证分析表明，该方法可以实现安全的迁移学习，并促进智能体更快地学会完成目标任务。

如何规范化获取有效安全探索策略？

本书第 6 章介绍了 CEM 算法来解决任务不可知的安全探索问题。CEM 算法学得的策略可以在安全前提下最大化状态密度的熵。为了避免直接近似复杂连续控制问题中的状态密度，CEM 算法利用了 k – NN 熵估计器来评估策略的探索效率。在安全方面，CEM 算法最小化安全成本的优势函数，并根据当前的策略安全评估自适应地权衡安全与探索之间的关系。实证分析表明，CEM 算法可在复杂连续控制问题中学得安全探索策略。在 SaGui 安全迁移强化学习框架下，CEM 算法得到的策略可有效提升目标任务学习的安全性和样本效率。

总而言之，本书介绍的模型和算法从两个角度提高了深度强化学习的安全性。这些模型和算法不能解决安全强化学习中的所有问题，也没有在真实环境中得到测试验证。但是，这些研究成果为深度强化学习在复杂的实际应用中真正落地提供了有效的科学储备。

7.2　局限和未来工作

本书介绍的模型和算法仅从两个角度提高了深度强化学习的安全性。因此，未来还需要进行更广泛的研究，以使深度强化学习在复杂的实际应用中真正落地。书中所介绍的模型和算法是在特定假设条件下实现的，这也为这些方法的进一步优化留出了空间。本节将介绍可进一步巩固深度强化学习安全机制的未来研究方向：

内在不确定性与参数不确定性　安全成本的不确定性建模还可以通过不同的方式进一步探索。书中用两种方法近似安全成本分布，并以此展示了 WCSAC 算法框架的通用性。因此，随着值分布强化学习在分布近似研究的进展，WCSAC 算法也可以得到进一步改进。然而，书中的方法关注的是 CMDP安全成本的内在随机性，但忽略了值函数或安全成本分布的近似误差，即参数不确定性[1-2]。参数的近似误差也会给策略学习及训练过程带来了潜在的安全风险。因此，如果算法可以引入参数不确定性评估，深度强化学习的安全性可以得到进一步加强。

迁移任务之间的差异　在复杂的实际应用中，安全迁移强化学习面临的任务间差异可能更大。SaGui 框架假设安全探索策略是在允许不安全交互的受控环境中训练的。但是在现实情况下，可能不存在高精度的仿真器。因此，学习得到的策略不能直接部署，额外的目标任务学习依然十分必要。尽管 SaGui 框架中源任务和目标任务之间的状态空间不同，但实际情况下任务间差异或者仿真现实差异可能更大，例如不兼容的环境动力学模型[3]。在这种情况下，SaGui 框架需要进一步改进和验证，以适应更复杂的现实情况。

安全迁移的知识模型　训练和迁移安全探索策略并不是安全迁移强化学习的唯一途径。SaGui 框架利用了从无奖励仿真环境中获得的先验知识。但是，仿真器也可以自由生成相同类型的不同任务，并通过元强化学习从这些不同任务中学习元知识。学得的元知识也可以作为先验进行迁移，以快速适应未知的目标任务[4-5]。因此，安全迁移强化学习算法可以首先从模拟器中的有限或无限数量的任务中进行元学习，例如，可转移的元奖励函数或元策略，以促进真实世界目标任务的学习进程[6-8]。另外，安全迁移强化学习算法还可以利用安全动态的认知不确定性，以确保训练期间的安全[9-10]。

状态密度估计和状态抽象　书中利用了 k-NN 熵估计器来避免逼近高维观测空间中的状态密度。然而，状态密度的估计还很难扩展到更加复杂的高维空间[11-12]。通过更有效的状态密度近似方法，TASE 问题的解决方法还可以进一步拓展到复杂的凸约束优化问题[13-14]。另外，如果对状态空间中的所有维度同等对待，势必会降低优化效率，并且不能准确捕捉任务的关键点。相反，通过表示学习可以得到一个低维的抽象空间，以使算法更好地关注任务重点[15]。但是，在有额外安全约束的情况下，添加表示学习的迁移强化学习算法复杂性和不稳定性会大大增加。因此，研究如何有效抽象 TASE 问题中的状态空间对于深度强化学习的推广应用也十分关键。

不同的环境探索目标　本书介绍的 CEM 算法在安全的前提下，通过最大化状态密度熵来训练安全探索策略。学习得到的策略可以以安全的方式在状态空间上诱导均匀分布。然而，最大化状态密度熵的策略可能不会涵盖状态转移的所有可能性[16]。在某些情况下，任务奖励可能与状态动作对相关。那么，探索覆盖所有的状态转移比覆盖所有状态更重要。因此，除了最大化状态密度熵，该方向的研究还可以考虑更多不同的环境探索目标。

风险规避的安全迁移强化学习　本书介绍的模型和算法从两个角度提高了深度强化学习的安全性，并相互补充。然而，如何将这些模型和算法结合起来还值得进一步探讨。SaGui 方法并未考虑策略随机性及环境动态性带来的安全风险，但其可以通过简单调整拓展到风险规避的安全约束问题中。首先，对于 SaGui 方法中的先验策略，可以通过采样未折扣的实际安全成本近似条件风险值 CVaR，并更新自适应安全权重。另外，SaGui 的内部算法是 SAC - Lag，因此可以通过使用长期累积安全成本的分布估计而不是期望估计来将风险控制扩展到 SaGui。总地来说，这种结合意味着在 SaGui 中施加更严苛的安全约束。然而，其实际效果还有待理论和试验证明。

7.3　其他应用难题

本书介绍的所有模型和算法目的在于强化深度强化学习的安全性，这些研究工作使得强化学习在现实世界中更加适用。然而，除了本书涉及的安全方面之外，还有许多问题需要解决。本节将讨论制约深度强化学习推广应用的其他因素。

非受控数据采集　与监督学习不同，强化学习的数据来自智能体和环境之间的交互。为实现数据的整体平衡，监督学习可以补充数据并添加标签。然而，当数据收集由强化学习策略执行时，智能体训练数据平衡将很难定义而且难以实现。此外，智能体训练期间的数据平衡可能不会对长期优化目标产生积极影响。无论使用哪种强化学习算法，都很难对环境奖励信号有一个完美的解析，这使得强化学习智能体大多数时间都在收集无价值的重复数据。在某种程度上，通过调整重放缓冲区可以解决训练数据优先级的问题[17]，但该方法实际上丢弃了重复的经验数据。要在复杂任务中最终获得可行策略，仍然需要收集大量冗余数据。但在实际问题中，仿真模拟可能无法实现，真实数据收集代价高昂。

交互环境限制　许多实际交互环境都是从初始状态开始的，这限制了许多可能的优化方向。例如，在状态空间中，一些特定的状态或新的状态更具价值，更频繁访问这些状态可能更利于目标优化。然而，许多实际问题的状态转移函数（由概率函数表示）是随机的。即使记录了之前的状态动作序列，由于环境的不确定性，也很难达到相同的状态。而深度强化学习通常使用由概率函数表示的随机策略，在双重随机性叠加的情况下，针对某些关键状态进行优化几乎无法实现。这种交互环境限制使得一些固定场景或状态测试无法进行，但这对于某些实际应用来说是必不可少的。例如，自动驾驶在某个弯道的实际效果需要测试，但很难重复测试策略在这个状态下的鲁棒性。

可解释性差　为了解决复杂的实际问题，通常需要使用深度强化学习方法。深度强化学习通常需要基于值函数进行策略评估，进而优化策略。值函数近似是通过逐步学习来评估当前行动对未来累积长期回报的影响。在复杂连续控制问题中，深度强化学习算法通常引入神经网络来逼近值函数。在这种情况下，验证值函数的收敛性和策略的正确性都十分复杂，但这些问题在表格型 Q－learning 方法中是不存在的[18]。对于深度强化学习算法，通常只能通过分析策略产生的长期累积回报以及参数的学习过程来证明其有效性。因此，深度强化学习通常涉及大量的调参以及复杂的奖励函数设计工作，致使可解释性差。

算法封装困难 在某些计算机视觉框架中，用户无须关注模型构建和参数调整的细节，仅需收集并引入自身的数据集即可[19]。此外，整个训练过程对用户而言是透明的。然而，在强化学习领域，实现这一目标十分困难，部分原因在于奖励机制的设计问题[20－21]。深度强化学习的初衷是通过机器的自主学习减少人工干预。然而，当前深度强化学习算法的使用在很大程度上依赖人为的参与，这与其初衷相悖。在应用深度强化学习解决实际问题时，最为耗时的环节并非算法的选择，而是奖励函数的设计。设计者需要构思各种机制，以引导智能体学习用户期望其掌握的知识，并确保奖励函数的合理性。当前的深度强化学习算法依然不够智能，无法在缺乏人类指导的情况下快速自我完善。简而言之，实际场景的多变性及奖励设计的复杂性，为强化学习算法的封装带来了困难。

综上所述，强化学习在现实世界中的推广应用进展比预期的要缓慢。尽管强化学习与深度学习的结合被普遍认为是实现通用人工智能的有效途径，但其实际应用仍然十分有限。在处理高度复杂的实际问题时，依然存在试错成本高昂、任务目标难以通过奖励函数量化以及对大量数据采集的高要求等一系列问题。总而言之，要实现强化学习在现实世界中的广泛应用，前方道路还很漫长。

7.4 参考文献

[1] DEARDEN R, FRIEDMAN N, RUSSELL S. Bayesian Q－learning[C]// Proceedings of the AAAI Conference on Artificial Intelligence. 1998：761－768.

[2] ENGEL Y, MANNOR S, MEIR R. Reinforcement learning with Gaussian processes[C]//Proceedings of the 22nd International Conference on Machine Learning. 2005：201－208.

[3] CUTLER M, WALSH T J, HOW J P. Reinforcement learning with multifidelity simulators[C]//2014 IEEE International Conference on Robotics and Automation(ICRA). IEEE, 2014：3888－3895.

[4] FINN C, ABBEEL P, LEVINE S. Model－agnostic meta－learning for fast adaptation of deep networks

[C]//Proceedings of the 34th International Conference on Machine Learning. PMLR, 2017: 1126 - 1135.

[5] RAKELLY K, ZHOU A, FINN C, et al. Efficient off - policy metareinforcement learning via probabilistic context variables[C]//Proceedings of the 36th International Conference on Machine Learning. PMLR, 2019: 5331 - 5340.

[6] GRBIC D, RISI S. Safe reinforcement learning through meta - learned instincts [C]//Artificial Life Conference Proceedings: ALIFE 2020: The 2020 Conference on Artificial Life. United States: MIT Press, 2020: 183 - 291.

[7] LUO M, BALAKRISHNA A, THANANJEYAN B, et al. MESA: Offline meta - RL for safe adaptation and fault tolerance[Z]. 2021.

[8] LEW T, SHARMA A, HARRISON J, et al. Safe model - based metareinforcement learning: A sequential exploration - exploitation framework [Z]. 2020.

[9] SIMÃO T D, JANSEN N, SPAAN M T J. AlwaysSafe: Reinforcement learning without safety constraint violations during training[C]//Proceedings of the 20th International Conference on Autonomous Agents and Multi Agent Systems(AAMAS). IFAAMAS, 2021: 1226 - 1235.

[10] ZHENG L, RATLIFF L. Constrained upper confidence reinforcement learning[C]//Proceedings of the 2nd Conference on Learning for Dynamics and Control. online: PMLR, 2020: 620 - 629.

[11] HAZAN E, KAKADE S, SINGH K, et al. Provably efficient maximum entropy exploration [C]// Proceedings of the 36th International Conference on Machine Learning. PMLR, 2019: 2681 - 2691.

[12] LEE L, EYSENBACH B, PARISOTTO E, et al. Efficient exploration via state marginal matching [Z]. 2019.

[13] QIN Z, CHEN Y, FAN C. Density constrained reinforcement learning[C]// Proceedings of the 38th International Conference on Machine Learning. PMLR, 2021: 8682 - 8692.

[14] MIRYOOSEFI S, BRANTLEY K, DAUME III H, et al. Reinforcement learning with convex constraints [C]//Advances in Neural Information Processing Systems. 2019.

[15] SEO Y, CHEN L, SHIN J, et al. State entropy maximization with random encoders for efficient exploration [Z]. 2021.

[16] ZHANG C, CAI Y, LI L H J. Exploration by maximizing Rényi entropy for reward - free RL framework [C]//Proceedings of the AAAI Conference on Artificial Intelligence. 2021(35): 10859 - 10867.

[17] SCHAUL T, QUAN J, ANTONOGLOU I, et al. Prioritized experience replay [Z]. 2015.

[18] SUTTON R S, BARTO A G. Reinforcement learning: An introduction[M]. Cambridge, Massachusetts: MIT Press, 2018.

[19] VOULODIMOS A, DOULAMIS N, DOULAMIS A, et al. Deep learning for computer vision: A brief review[J]. Computational Intelligence and Neuroscience, 2018, 2018: 7068349.

[20] DEWEY D. Reinforcement learning and the reward engineering principle [C]//2014 AAAI Spring Symposium Series. 2014.

[21] HADFIELD - MENELL D, MILLI S, ABBEEL P, et al. Inverse reward design [C]//Advances in Neural Information Processing Systems. 2017.

